Adobe Photoshop CC
图像设计与制作
案例技能实训教程

刘宇　庞姗　主编

清华大学出版社

北　京

内 容 简 介

本书以实操案例为单元，以知识详解为线索，从Photoshop最基本的应用讲起，全面细致地对平面作品的创作方法和设计技巧进行了介绍。全书共10章，实操案例包括制作个人名片、绘制卡通人物、绘制拟物化图标、设计宣传海报、制作网站首页、制作证件照、制作春秋更迭图像效果、为复杂图像更换背景、制作素描效果图像、批量处理图像等。理论知识涉及Photoshop基础操作、选区与路径详解、图层详解、文本详解、绘制与修饰工具详解、色彩与色调详解、通道与蒙版详解、滤镜详解，以及动作与自动化详解等，每章最后还安排了有针对性的项目练习，以供读者练手。

全书结构合理，通俗易懂，图文并茂，易教易学，既适合作为高职高专院校和应用型本科院校计算机、多媒体及平面设计相关专业的教材，又适合作为广大排版设计爱好者和各类技术人员的参考用书。

图书在版编目（CIP）数据

Adobe Photoshop CC 图像设计与制作案例技能实训教程 / 刘宇，庞姗主编. —北京：清华大学出版社，2021.11

    ISBN 978-7-302-59303-4

    Ⅰ.①A… Ⅱ.①刘… ②庞… Ⅲ.①图像处理软件–教材 Ⅳ.①TP391.413

    中国版本图书馆CIP数据核字（2021）第200873号

责任编辑：李玉茹
封面设计：李 坤
责任校对：周剑云
责任印制：沈 露
出版发行：清华大学出版社
      网 址：http://www.tup.com.cn, http://www.wqbook.com
      地 址：北京清华大学学研大厦A座 邮 编：100084
      社 总 机：010-62770175 邮 购：010-83470235
      投稿与读者服务：010-62776969, c-service@tup.tsinghua.edu.cn
      质 量 反 馈：010-62772015, zhiliang@tup.tsinghua.edu.cn
印 装 者：小森印刷（北京）有限公司
经 销：全国新华书店
开 本：170mm×240mm 印 张：15.75 字 数：302千字
版 次：2022年1月第1版 印 次：2022年1月第1次印刷
定 价：79.00元

产品编号：090129-01

前　言

Photoshop软件是Adobe公司旗下功能非常强大的一款图像处理软件，主要处理由像素组成的数字图像，在平面设计、网页设计、包装设计、效果处理等领域应用广泛，操作方便、易上手，深受广大设计爱好者与专业人员的喜爱。为了满足新形势下的教育需求，我们组织了一批富有经验的设计师和高校教师，共同策划编写了本书，以让读者能够更好地掌握作品的设计技能，更好地提升动手能力，更好地与社会相关行业接轨。

本书内容

本书以实操案例为单元，以知识详解为线索，先后对各种类型平面作品的设计方法、操作技巧、理论支撑、知识阐述等内容进行了介绍。全书分为10章，其主要内容如下：

章　节	作品名称	知识体系
第1章	制作个人名片	主要讲解了新建、打开、置入、存储、关闭文件，调整图像、画布尺寸，位图与矢量图、像素与分辨率、常见的色彩模式与文件格式等
第2章	绘制卡通人物	主要讲解了创建选区、路径与形状路径、编辑选区与路径等
第3章	绘制拟物化图标	主要讲解了图层、图层的基本操作、图层的混合模式、不透明度的设置、图层样式的应用等
第4章	制作宣传海报	主要讲解了创建文字、段落文字与沿路径绕排文字、字符面板、段落面板、变形文字、栅格化文字图层等
第5章	制作网站首页	主要讲解了画笔工具组、画笔设置面板、历史记录工具组、橡皮擦工具组、渐变工具组等
第6章	制作证件照	主要讲解了裁剪工具组、修补工具组、图章工具组、模糊工具组、减淡工具组等
第7章	制作春秋更迭图像效果	主要讲解了色彩平衡、色相/饱和度、可选颜色、色阶、曲线、亮度/对比度、去色、反相等
第8章	为复杂图像更换背景	主要讲解了通道的类型、通道的创建编辑、蒙版的类型、蒙版编辑等
第9章	制作素描效果图像	主要讲解了Camera Raw滤镜、液化滤镜、滤镜库、模糊滤镜、风格化滤镜、其他滤镜组等
第10章	批量处理图像	主要讲解了动作面板、动作的创建、批处理、联系表等自动化应用

Adobe Photoshop CC 图像设计与制作 案例技能实训教程 ◉

跟我学 制作个人名片

学习目标 通过本实操案例，了解名片的常用尺寸参数；掌握新建文档、置入文件以及保存文件的基本操作；初步尝试学习对已置入图像的二次创作。

案例路径 云盘 \ 实例文件 \ 第1章 \ 跟我学 \ 制作个人名片

步骤 01 执行"文件"|"新建图1-1所示。

跟我学 以一步一图的方式进行讲解。

自己练 为拓展练习项目，"学习—思考—实践"贯穿全书。

知识链接 名片的常用尺寸

步骤 02 执行"文件"|"置象"命令，在弹出的"置入文档中选择目标素材置入，效果如图

知识链接

Adobe Photoshop CC 图像设计与制作 案例技能实训教程 ◉

自己练 制作明信片

案例路径 云盘 \ 实例文件 \ 第1章 \ 自己练 \ 制作明信片

项目背景 现阶段古镇旅游同质化严重，人流量大大减少。为吸引客流，在众多古镇旅游中脱颖而出。为此准备制作明信片，作为延伸产品赠送给游客，一方面展现古镇的人文建筑风光，另一方面可为保存已久的古镇文化进行文化宣传。

项目要求 ①名片整体要美
②展现古镇的人
魅力。
③设计规格为1

项目分析 明信片的版式设的风景照，加上古诗词。背图1-54所示。

听我讲 以理论知识的补充说明为主。

听我讲 Listen to me

1.1 初识 Photoshop CC

Photoshop是Adobe公司旗下的一款图像处理软件，也是此类软件中应用范围最广、性能最为优秀的软件之一。它不只是一款图像编辑软件，它的诸多应用涉及很多方面，包括图像、图形、文字、视频、出版等多个方面。

打开Photoshop CC软件，打开任意一个图像，进入工作界面。其工作界面主要包括菜单栏、工具箱、属性栏、图像编辑窗口、浮动面板、标题栏、状态栏等，如图1-20所示。

图 1-20

A：菜单栏

菜单栏由"文件""编辑""文字""图层"和"选择"等11个菜单组成，如图1-21所示。单击相应的主菜单按钮，即可打开下拉菜单，在下拉菜单中单击某一菜单命令即可执行该操作。

文件(F)　编辑(E)　图像(I)　图层(L)　文字(Y)　选择(S)　滤镜(T)　3D(D)　视图(V)　窗口(W)　帮助(H)

图 1-21

技巧点拨

在"新建文档"中，单击上方的选项卡可以快速的设置常用的尺寸。

课时安排 2课时。

知识链接

技巧点拨

课时安排

    本书结构合理、讲解细致、特色鲜明，内容着眼于专业性和实用性，符合读者的认知规律，也更侧重于综合职业能力与职业素养的培养，集"教、学、练"为一体。本书的参考学时为64课时，其中理论学习24学时，实训40学时。

配套资源

- 所有"跟我学"案例的素材及最终文件。
- 书中拓展练习"自己练"案例的素材及效果文件。
- 案例操作视频，扫描书中二维码即可观看。
- 平面设计软件常用快捷键速查表。
- 常见配色知识电子手册。
- 全书各章PPT课件。

    本书由刘宇（哈尔滨铁道职业技术学院）、庞姗（广西华侨学校）编写，其中刘宇编写第1~6章，庞姗编写第7~10章。他们在长期的工作中积累了大量的经验，在写作的过程中始终坚持严谨细致的态度，力求精益求精。由于时间有限，书中疏漏之处在所难免，希望读者朋友批评指正。

编   者

扫 描 二 维 码 获 取 配 套 资 源

目 录

第 1 章

制作个人名片
——Photoshop 基础操作详解

▶▶▶ 跟我学

▶▶▶ 听我讲

▶▶▶ 自己练

第**2**章

绘制卡通人物
——选区与路径详解

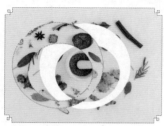

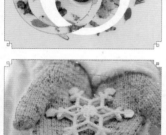

▶▶▶ 跟我学

第**3**章

绘制拟物化图标
——图层详解

第 **4** 章

设计宣传海报
——文本详解

第**5**章

制作网站首页
——绘制与修饰工具详解

▶▶▶ 跟我学

制作网站首页 ·············· 102

▶▶▶ 听我讲

▶▶▶ 自己练

第**6**章

制作证件照
——图像编辑工具详解

第**7**章

制作春秋更迭图像效果
——色彩与色调详解

第 **8** 章

为复杂图像更换背景
——通道与蒙版详解

第**9**章

制作素描效果图像
——滤镜详解

第**10**章

批量处理图像
——动作与自动化详解

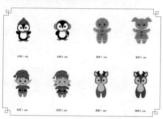

Photoshop

第 1 章

制作个人名片
——Photoshop基础操作详解

本章概述

　　本章将对Photoshop的基础知识和一些常用的设计术语进行讲解。通过本章的学习可以对软件的工作界面以及基础操作有一个全方位的了解，对后期设计和制作图像有很大的帮助。

要点难点

- 软件工作界面　★☆☆
- 文件的基本操作　★★☆
- 图像尺寸的调整　★★☆
- 像素和分辨率　★★☆
- 色彩模式　★★☆

跟我学 制作个人名片

学习目标 通过本实操案例，了解名片的常用尺寸参数；掌握新建文档、置入文件以及保存文件的基本操作；初步尝试学习对已置入图像的二次创作。

案例路径 云盘 \ 实例文件 \ 第1章 \ 跟我学 \ 制作个人名片

步骤 01 执行"文件"|"新建"命令，在弹出的"新建文档"对话框中设置参数，如图1-1所示。

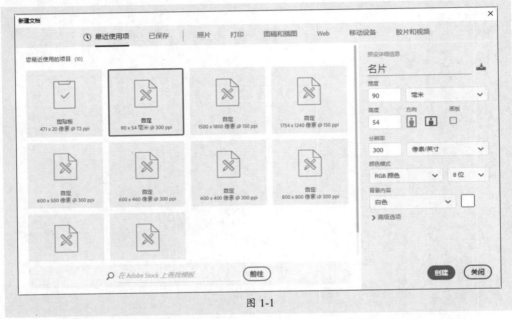

图 1-1

知识链接 名片的常用尺寸有90mm×54mm、90mm×50mm、90mm×45mm。

步骤 02 执行"文件"|"置入嵌入对象"命令，在弹出的"置入文档"对话框中选择目标素材置入，效果如图1-2所示。

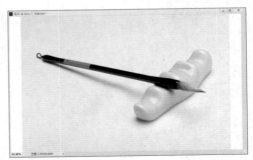

图 1-2

步骤 **03** 在"图层"面板中，右击鼠标，在弹出的快捷菜单中选择"栅格化图层"命令，效果如图1-3所示。

图 1-3

知识链接 置入的图像默认为智能对象图层，若要对其进行操作处理，需将其栅格化，转变为普通图层。

步骤 **04** 按Shift+ Ctrl+U组合键去色并移动图像，如图1-4所示。

步骤 **05** 选择"吸管工具"吸取图像的颜色，单击背景图层，选择"油漆桶工具" 单击填充，如图1-5所示。

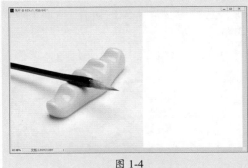

图 1-4

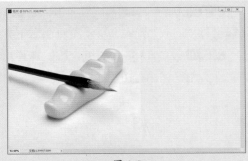

图 1-5

步骤 **06** 按住Shift键加选图层"1"，按Ctrl+E组合键合并图层，如图1-6所示。

步骤 **07** 选择"混合器画笔工具" 在拼合处进行涂抹，效果如图1-7所示。

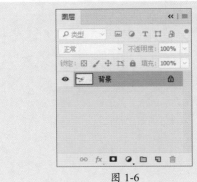

图 1-6

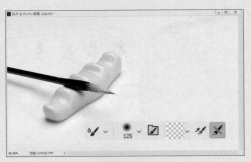

图 1-7

步骤 08 执行"滤镜"|"滤镜库"①命令，在弹出的对话框中选择"纹理化"选项，在最右侧设置"画布"纹理，使画面更有质感，如图1-8所示。

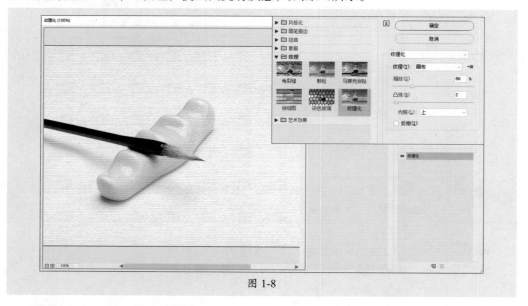

图 1-8

步骤 09 执行"文件"|"置入嵌入对象"命令，在弹出的"置入文档"对话框中选择目标素材"logo"置入，移动至页面右下方，如图1-9所示。

步骤 10 按Ctrl+Shift+S组合键，在弹出的"另存为"对话框中输入文件名，选择保存文件类型，如图1-10所示。

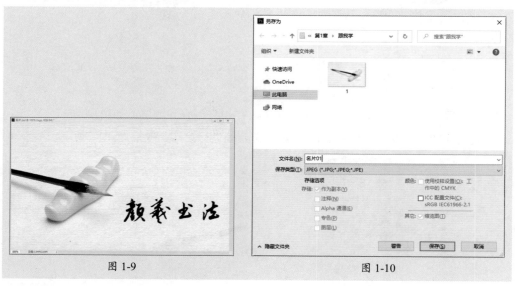

图 1-9   图 1-10

---

① 关于滤镜库的知识介绍参见 9.3.5 节纹理滤镜组。

步骤 11 按住Ctrl+J组合键复制背景图层与logo图层，移至最上层，隐藏被复制图层，如图1-11所示。

步骤 12 选择"矩形选框工具"框选空白部分，按Ctrl+J组合键复制选区，按住Ctrl+T组合键自由变换选区，移动覆盖毛笔字迹，如图1-12所示。

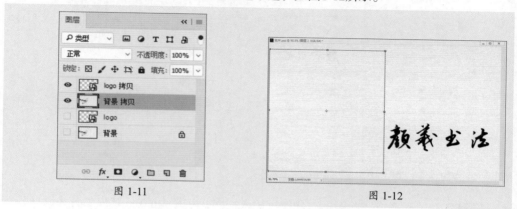

图 1-11   图 1-12

步骤 13 按住Shift键加选背景拷贝图层，按Ctrl+E组合键合并图层，如图1-13所示。

步骤 14 按住Ctrl+T组合键自由变换"logo拷贝"图层，按住Shift键等比例缩小移动至右上方，如图1-14所示。

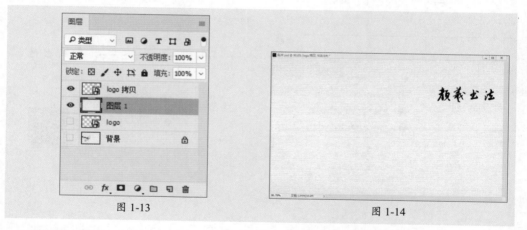

图 1-13   图 1-14

步骤 15 选择"直线工具"，按住Shift键绘制直线，粗细为3像素，填充颜色为黑色，如图1-15所示。

图 1-15

步骤 **16** 执行"文件"|"置入嵌入对象"命令，在弹出的"置入文档"对话框中选择目标素材"联系方式"置入，如图1-16所示。

步骤 **17** 选择"横排文字工具"输入文字"王老师"，字号为11点，其他参数为默认值，如图1-17所示。

图 1-16   图 1-17

步骤 **18** 在"联系方式"图标右侧继续输入文字，字号为6点，其他参数为默认值，如图1-18所示。

步骤 **19** 执行"文件"|"置入嵌入对象"命令，在弹出的"置入文档"对话框中选择目标素材"二维码"置入，如图1-19所示。

图 1-18   图 1-19

至此，完成个人名片的制作。

学 习 心 得

听我讲 ▶ Listen to me

1.1 初识 Photoshop CC //////////////////////////////////////

    Photoshop是Adobe公司旗下的一款图像处理软件，也是此类软件中应用范围最广、性能最为优秀的软件之一。它不只是一款图像编辑软件，它的诸多应用涉及很多方面，包括图像、图形、文字、视频、出版等多个方面。

    打开Photoshop CC软件，打开任意一个图像，进入工作界面。其工作界面主要包括菜单栏、工具箱、属性栏、图像编辑窗口、浮动面板、标题栏、状态栏等，如图1-20所示。

图 1-20

A：菜单栏

    菜单栏由"文件""编辑""文字""图层"和"选择"等11个菜单组成，如图1-21所示。单击相应的主菜单按钮，即可打开下拉菜单，在下拉菜单中单击某一菜单命令即可执行该操作。

| Ps | 文件(F) | 编辑(E) | 图像(I) | 图层(L) | 文字(Y) | 选择(S) | 滤镜(T) | 3D(D) | 视图(V) | 窗口(W) | 帮助(H) |

图 1-21

B：属性栏

属性栏在菜单栏的下方，主要用来设置工具的参数，不同工具的属性栏也不同。如图1-22所示为画笔工具的属性栏。

图 1-22

C：标题栏

标题栏在属性栏的下方，在标题栏中会显示文件的名称、格式、窗口缩放比例以及颜色模式等，如图1-23所示。

图 1-23

D：工具箱

默认情况下，工具箱位于工作区的左侧，单击工具箱中的工具图标，即可使用该工具。部分工具图标的右下角有一个黑色小三角，表示为一个工具组，右击工具按钮即可显示工具组中的全部工具，如图1-24所示。

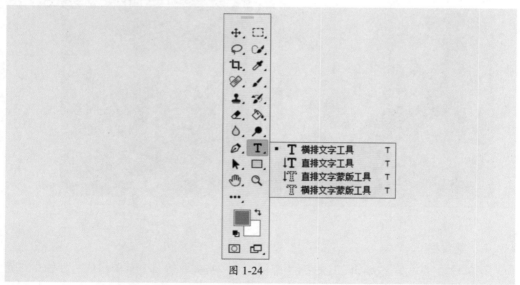

图 1-24

E：图像编辑窗口

图像编辑窗口是用来绘制、编辑图像的区域。其灰色区域是工作区，上方是标题栏，下方是状态栏。

F：状态栏

状态栏位于图像窗口的底部，用于显示当前文档的缩放比例、文档尺寸大小信息。单击状态栏中的三角形 ▶ 图标，可以设置要显示的内容，如图1-25所示。

G：浮动面板组

面板主要用来配合图像的编辑、对操作进行控制以及设置参数等。每个面板的右上角都有一个菜单按钮■，单击该按钮即可打开该面板的设置菜单。常用的面板有"图层"面板、"属性"面板、"通道"面板、"动作"面板、"历史记录"面板和"颜色"面板等。如图1-26所示为"通道"面板。

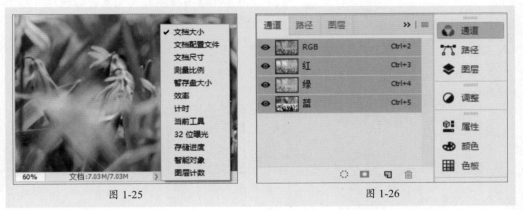

图 1-25 　　　　　　　　　　　　　　　　　　 图 1-26

1.2 文件的基本操作

在对图像编辑之前，需要先学习软件的一些基本操作，如文件的打开、关闭、新建、存储等。

1.2.1 打开文件

若要在Photoshop CC中打开图像文件，可执行"文件"|"打开"命令或按Ctrl+O组合键，在弹出的"打开"对话框中选择图像文件，然后单击"打开"按钮，如图1-27所示。

图 1-27

> 💬 **技巧点拨**
>
> 　将素材图像文件直接拖动至软件中，可快速打开文件。

1.2.2 新建文件

新建文件是指在Photoshop工作界面中创建一个自定义尺寸、分辨率和模式的图像窗口，图像的绘制、编辑和保存等都可以在该图像窗口中进行操作。

执行"文件"|"新建"命令或按Ctrl+N组合键，弹出"新建文档"对话框，从中可设置新文件的名称、尺寸、分辨率、颜色模式及背景内容等参数。设置完成后，单击"创建"按钮即可，如图1-28所示。

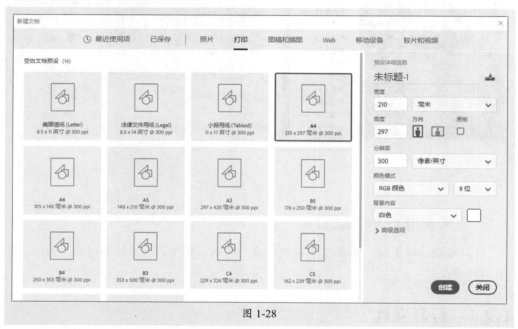

图 1-28

💬 **技巧点拨**

在"新建文档"对话框中，单击上方的选项标签可以快速设置常用的尺寸。

1.2.3 置入文件

置入文件是指将照片、图像或任何Photoshop支持的文件作为智能对象添加到当前操作的文档中。执行"文件"|"置入嵌入对象"或"文件"|"置入链接的智能对象"命令，在弹出的对话框中选择需要置入的文件，单击"置入"按钮即可完成操作。

置入后的文件可以进行复制、移动和缩放等操作，如需对其内容、颜色、形态进行调整，则需要将其进行格式化操作，将智能对象转变为普通图层。

1.2.4 存储文件

存储文件是指在使用Photoshop处理图像的过程中或处理完毕后对图像所作的保

存操作。若不需要对当前文件的文件名、文件类型或存储位置进行修改，可执行"文件"|"存储"命令或按Ctrl+S组合键直接进行存储。

若要将编辑后的图像文件以不同的文件名、文件类型或存储位置进行存储，则应使用另存为的方法。执行"文件"|"存储为"命令或按Ctrl+Shift+S组合键，弹出"另存为"对话框，从中选择存储路径、文件格式并输入文件名，然后单击"保存"按钮，如图1-29所示。

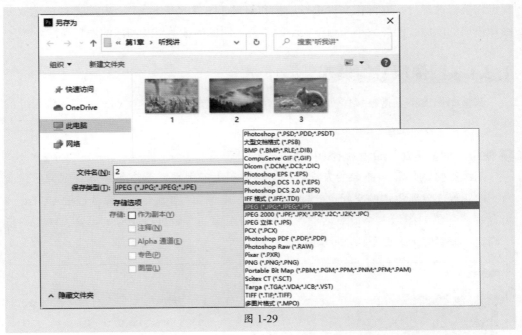

图 1-29

1.2.5 关闭文件

图像存储完毕后，可以选择将其关闭。关闭文件有以下三种方法。

● 执行"文件"|"关闭"命令。

● 按Ctrl+W组合键。

● 单击标题栏右上角的"关闭"按钮 ✖ 。

若对其进行过修改，但没有执行存储命令，则会在关闭文件的时候出现提示框，如图1-30所示。

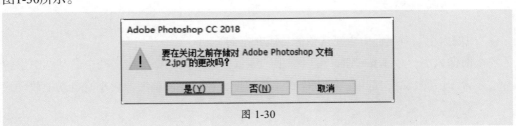

图 1-30

单击"是"按钮,则会保存修改内容;单击"否"按钮,则会直接关闭,不做任何修改;单击"取消"按钮,将取消关闭命令,回到操作界面。

1.3 图像的基本操作

在编辑图像时,当最初的图像或画布大小不符合用户的需求时,在操作过程中,可根据需要修改尺寸。对图像文件进行调整和编辑即图像的基本操作,包括图像的缩放和图像窗口的缩放、图像大小和画布大小的调整、图像的裁剪以及图像的恢复操作等。

1.3.1 图像尺寸的调整

调整图像大小是指在保留所有图像的情况下通过改变图像的比例来实现图像尺寸的调整。

1. 使用"图像大小"命令调整图像尺寸

图像质量的好坏与图像的大小、分辨率有很大的关系,分辨率越高,图像就越清晰,而图像文件所占用的空间也就越大。执行"图像"|"图像大小"命令或按Alt+Ctrl+I组合键,弹出"图像大小"对话框,从中可对图像的参数进行相应的设置,然后单击"确定"按钮即可,如图1-31所示。

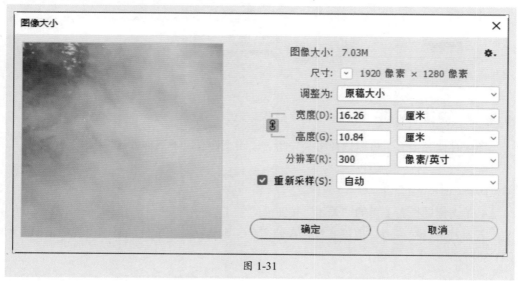

图 1-31

"图像大小"对话框中主要选项的功能介绍如下。

● **图像大小**:单击❖按钮,可以选中"缩放样式"复选框。当文档中的某些图层包含图层样式时,选中"缩放样式"复选框,可以在调整图像大小时自动缩放样式效果。

- **尺寸：** 显示图像当前尺寸。单击尺寸右边的 ⊡ 按钮可以从尺寸列表中选择尺寸单位，如百分比、像素、英寸、厘米、毫米、点、派卡。
- **调整为：** 在下拉列表框中选择Photoshop的预设尺寸。
- **宽度/高度/分辨率：** 设置文档的高度、宽度、分辨率，以确定图像的大小。单击左侧 ⑧ 按钮即可锁定长宽比例。
- **重新采样：** 在下拉列表框中选择采样插值方法。

2. 使用"裁剪工具"调整图像尺寸

裁剪工具主要用来调整画布的尺寸与图像中对象的尺寸。选择"裁剪工具"，在图像中拖动矩形裁剪框的任意角，框外的图像会变暗，框内的图像为裁剪后图像保留的部分。裁剪框的周围有8个控制点，对其控制点进行拖动，可以移动、缩小、放大和旋转图像。如图1-32、图1-33所示为裁剪前后对比效果图。

图 1-32　　　　　　　　　　　　　　　图 1-33

知识链接

使用"裁剪工具"裁剪图像时，若裁剪框大于图像，图像之外的区域为背景色。

1.3.2　画布大小的调整

画布是显示、绘制和编辑图像的工作区域。对画布尺寸进行调整在一定程度上会影响图像尺寸的大小。放大画布时，会在不影响原有图像的基础上，在图像四周增加空白区域；缩小画布时，则会裁剪掉不需要的图像边缘。

执行"图像"|"画布大小"命令或按Alt+Ctrl+C组合键，弹出"画布大小"对话框，如图1-34所示。在该对话框中可以设置扩展图像的宽度和高度，并能对扩展区域进行定位。

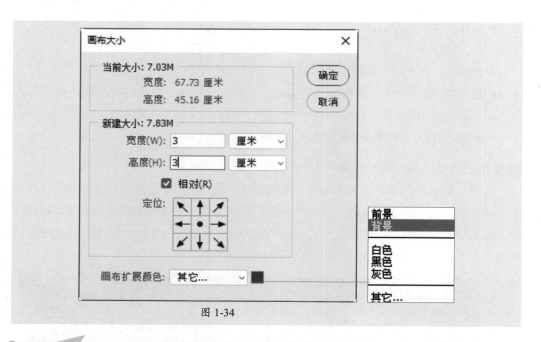

图 1-34

若勾选"相对"复选框，输入的参数为当前画布大小添加或减去的数值。

在"画布扩展颜色"下拉列表框中有背景、前景、白色、黑色、灰色等颜色可供选择，最后只需单击"确定"按钮即可让图像的调整生效。将画布向四周扩展为背景的效果，如图1-35、图1-36所示。

图 1-35

图 1-36

若图像不包含背景图层，则"画布扩展颜色"下拉列表框不可用。

1.3.3 图像的恢复操作

在处理图像的过程中，使用软件提供的恢复操作功能可以对错误操作进行恢复。

1. 退出操作

退出操作是指在执行某些操作的过程中，完成该操作之前可中途退出该操作，从而取消当前操作对图像的影响。按Esc键即可快速退出操作。

2. 恢复到上一步操作

恢复到上一步是指将图像恢复到上一步编辑操作之前的状态，该步骤所做的更改将被全部撤销。执行“编辑”菜单中的第一个命令或按Ctrl+Z组合键，如图1-37所示。

编辑(E)
图像(I)
图层(L)
文字(Y)
选择
还原状态更改(O) Ctrl+Z
前进一步(W) Shift+Ctrl+Z
后退一步(K) Alt+Ctrl+Z

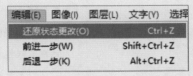

图 1-37

知识链接

按Alt+Ctrl+Z组合键可恢复多步操作；按Shift+Ctrl+Z组合键可还原上一步操作。具体的快捷键设置，可执行“编辑”|“键盘快捷键和菜单”命令，在弹出的对话框中进行设置，如图1-38所示。

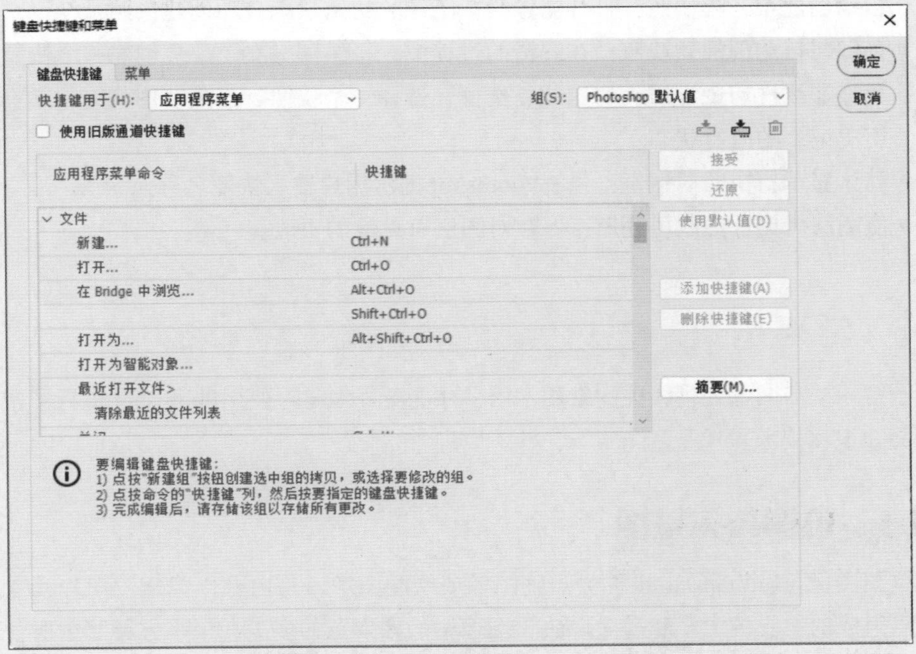

键盘快捷键和菜单
键盘快捷键
菜单
快捷键用于(H): 应用程序菜单
组(S): Photoshop 默认值
使用旧版通道快捷键
确定
取消
应用程序菜单命令
快捷键
接受
还原
使用默认值(D)
文件
新建... Ctrl+N
打开... Ctrl+O
在 Bridge 中浏览... Alt+Ctrl+O
Shift+Ctrl+O
打开为... Alt+Shift+Ctrl+O
打开为智能对象...
最近打开文件>
清除最近的文件列表
添加快捷键(A)
删除快捷键(E)
摘要(M)...
要编辑键盘快捷键:
1) 点按"新建组"按钮创建选中组的拷贝，或选择要修改的组。
2) 点按命令的"快捷键"列，然后按要指定的键盘快捷键。
3) 完成编辑后，请存储该组以存储所有更改。

图 1-38

3 恢复到任意步操作

　　如果需要恢复的步骤较多，可执行"窗口"|"历史记录"命令，打开"历史记录"面板，在历史记录列表中找到需要恢复到的操作步骤，在要返回的相应步骤上单击鼠标即可，如图1-39所示。

　　单击"菜单"按钮，在弹出的下拉菜单中选择"历史记录选项"命令，在弹出的对话框中可勾选复选框进行设置，如图1-40所示。

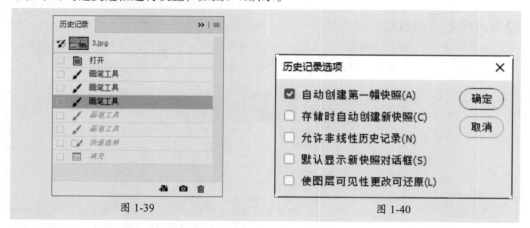

图 1-39　　　　　　　　　　　　　　　图 1-40

　　"历史记录选项"对话框中主要选项的功能介绍如下。

● **自动创建第一幅快照**：打开图像时，图像的初始状态自动创建快照。

● **存储时自动创建新快照**：在编辑的过程中，每保存一次，都会创建一个快照。

● **允许非线性历史记录**：勾选此复选框，选择一个快照，当更改图像时将不会删除历史记录的所有状态。

● **默认显示新快照对话框**：强制Photoshop提示用户输入快照名称。

● **使图层可见性更改可还原**：保存对图层可见性的更改。

1.4　常用术语

　　了解一些与图像处理相关的常用术语，才能更好地学习使用Photoshop进行图像处理的相关知识和技术。

1.4.1　位图与矢量图

　　位图图像（bitmap），也称为点阵图像或绘制图像，是由称作像素（图片元素）的单个点组成的。它的大小和质量取决于图像中的像素点的多少，每平方英寸中所含像素越多，图像越清晰，颜色之间的混合也越平滑。由于是对图像中的像素进行编辑，所以在对图像进行拉伸、放大或缩小等处理时，其清晰度和光滑度会受到影响，如图1-41、图1-42所示。

图 1-41   图 1-42

矢量图是根据几何特性来绘制图形的。它的特点是放大后图像不会失真，和分辨率无关，文件占用空间较小，适用于图形设计、文字设计和一些标志设计、版式设计等。但矢量图的色彩比位图单调，无法像位图那样真实地表现自然界的颜色变化。矢量图与位图最大的区别是它不受分辨率影响，因此在印刷时可以任意放大或缩小图形而不会影响出图的清晰度，如图1-43、图1-44所示。

图 1-43   图 1-44

1.4.2　像素与分辨率

像素（pixel）是用来计算数码影像的一种单位，如同摄影的相片一样，数码影像也具有连续性的浓淡阶调，若把影像放大数倍，会发现这些连续色调其实是由许多色彩相近的小方块组成的，这些小方块就是构成影像的最小单位"像素"，如图1-45、图1-46所示。

当图像的尺寸以像素为单位时，为方便图片尺寸与实际尺寸相互转换，需将分辨率的值固定。若像素相同时，分辨率高则密度越大。实际尺寸（英寸）=像素/分辨率，即1英寸等于2.54厘米。若制作图片的宽为600像素，分辨率为150，实际尺寸约为10厘米。

图 1-45   图 1-46

　　分辨率（resolution）即指屏幕图像的精密度，是指显示器所能显示的像素的多少。由于屏幕上的点、线和面都是由像素组成的，显示器可显示的像素越多，画面就越精细，同样的屏幕区域内能显示的信息也越多，所以分辨率是个非常重要的性能指标。图像的分辨率可以改变图像的精细程度，直接影响图像的清晰度，也就是说图像的分辨率越高，图像的清晰度也就越高，图像占用的存储空间也越大，分辨率为300像素/英寸和72像素/英寸的效果对比如图1-47、图1-48所示。

图 1-47   图 1-48

1.4.3　常见色彩模式

　　在Photoshop中，记录某种图像颜色的方式就是颜色模式，也可以说是将某种颜色表现为数字形式的模式。Photoshop为用户提供了9种颜色模式：RGB模式、CMYK模式、Lab模式、HSB模式、位图模式、灰度模式、索引颜色模式、双色调模式和多通道模式。下面介绍几种常用的色彩模式。

1. RGB 模式

　　RGB模式是基于自然界中3种基色光的混合原理，将红（R）、绿（G）和蓝（B）3种基色按照从0（黑）到255（白色）的亮度值在每个色阶中分配，从而指定其色彩，如图1-49所示。新建的Photoshop图像的默认模式为RGB，计算机显示器使用RGB模式显示颜色。尽管RGB是标准颜色模式，但是所表示的实际颜色范围仍因应用程序或显示设备而不同。

2. CMYK 模式

CMYK是一种减色模式，即一种印刷模式。其中四个字母分别指青（Cyan）、洋红（Magenta）、黄（Yellow）、黑（Black），如图1-50所示。C、M、Y分别是红、绿、蓝的互补色。由于B也可以表示Blue（蓝色），所以为了避免歧义，黑色用K表示。

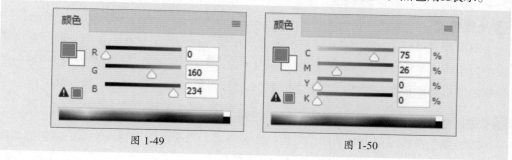

图 1-49　　　　　　　　　　　图 1-50

3. Lab 模式

Lab模式是最接近真实世界颜色的一种色彩模式。其中，L表示亮度，亮度范围是0～100，a表示由绿色到红色的范围，b表示由蓝色到黄色的范围，ab范围是-128～+127，如图1-51所示。这种模式不依赖于设备，它是一种独立于设备存在的颜色模式，不受任何硬件性能的影响。

4. HSB 模式

HSB模式是基于人类对颜色的感觉而开发的模式，是最接近人眼观察颜色的一种模式。所有的颜色都用色相、饱和度以及亮度三个特性来描述，如图1-52所示。

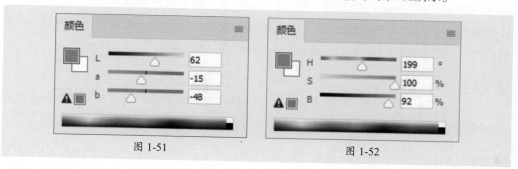

图 1-51　　　　　　　　　　　图 1-52

- 色相（H）是指人眼能看到的纯色，它是与颜色主波长有关的颜色物理和心理特性，不同波长的可见光具有不同的颜色。在HSB模式中唯有H的取值单位为度数，表示色相位于色相环上的位置。
- 饱和度（S）指颜色的强度或纯度，表示色相中灰色成分所占的比例，用0%～100%（纯色）来表示。

● 亮度（B）是指颜色的相对明暗程度，通常用0%（黑）～100%（白）来量度。

5. 位图模式

位图模式用两种颜色（黑和白）来表示图像中的像素。位图模式的图像也叫作黑白图像。由于位图模式只用黑白色来表示图像的像素，在将图像转换为位图模式时会丢失大量细节，因此Photoshop提供了几种算法来模拟图像中丢失的细节。在宽度、高度和分辨率相同的情况下，位图模式的图像包含的信息最少，所以尺寸最小。

6. 灰度模式

灰度模式可以使用多达256级灰度来表现图像，使图像的过渡更平滑细腻。灰度图像的每个像素都有一个0（黑色）到255（白色）之间的亮度值。灰度值也可以用黑色油墨覆盖的百分比来表示（0%等于白色，100%等于黑色）。

7. 索引颜色模式

索引颜色模式是网上和动画中常用的图像模式，当彩色图像转换为索引颜色的图像后包含近256种颜色。索引颜色图像包含一个颜色表。如果原图像中的颜色不能用256色表现，则Photoshop会从可使用的颜色中选出最相近颜色来模拟这些颜色，这样可以减小图像文件的尺寸。

1.4.4 常用文件格式

在存储图像时，可以根据不同需要选择不同的文件格式，例如PSD、PSB、BMP、GIF、EPS、JPEG、RAW、PNG和TIFF等。

1. PSD 格式

PSD格式是Photoshop软件专用的文件格式。PSD格式支持蒙版、通道、路径和图层样式等Photoshop的所有功能，还支持Photoshop使用的任何颜色深度和图像模式。PSD格式可以直接置入Illustrator、Premiere、InDesign等Adobe软件中。

2. PSB 格式

PSB格式是一种大型文档格式，可以支持最高为300000像素的超大文件。其功能和PSD相同，但是此格式的文件只能在Photoshop软件中打开。

3. BMP 格式

BMP是英文Bitmap（位图）的简写，它是Windows操作系统中的标准图像文件格式，能够被多种Windows应用程序所支持。BMP格式运用了RLE的无损压缩方式，对图像质量不会产生影响。

4. GIF 格式

GIF格式是网页中最常用的图形格式，分为静态GIF和动态GIF，支持透明背景图像，适用于多种操作系统。采用GIF格式可将多幅图像保存为一个图像文件，从而形成动画效果。

5. EPS 格式

EPS是为在PostScript打印机上输出图像而开发的文件格式，是带有预览图像的文件格式，在排版中经常使用。

6. JPEG 格式

JPEG格式也是常见的一种图像格式，文件的扩展名为.jpg或.jpeg。JPEG格式具有调节图像质量的功能，可以用不同的压缩比例对这种文件进行压缩，压缩比例通常在10：1到40：1之间，压缩比例越大，品质越低；压缩比例越小，品质越高。

7. RAW 格式

RAW是未经处理、未经压缩的格式，被形象地称为"数字底片"。它拥有很好的宽容度，能够更好地表现画面中的明暗区域，编辑后，能展现最佳的图像处理效果，是摄影和后期处理工作者常用的一种文件格式。

8. PNG 格式

PNG（Portable Network Graphics）是一种可以将图像压缩到Web上的文件格式。不同于GIF格式图像的是，它可以保存24位的真彩色图像，并且支持透明背景和消除锯齿边缘的功能，可以在不失真的情况下压缩保存图像。

9. TIFF 格式

TIFF（Tag Image File Format）格式是一种通用的文件格式。支持RGB模式、CMYK模式、Lab模式、位图模式、灰度模式和索引模式等色彩模式，常用于出版社和印刷业中。

读 书 笔 记

自己练/制作明信片

案例路径 云盘\实例文件\第1章\自己练\制作明信片

项目背景 现阶段古镇旅游同质化严重，人流量大大减少。为吸引客流，准备制作明信片，作为延伸产品赠送给游客，一方面展现古镇的人文建筑风光，另一方面可为保存已久的古镇文化进行宣传。

项目要求 ①名片整体要美观、简洁大方、得体，信息清晰明了。

②展现古镇的人文建筑风光，可增加传统诗词，展现传统文化的魅力。

③设计规格为165mm×102mm。

项目分析 明信片的版式设计有固定的框架，正面为图像，这里可以放古镇的风景照，加上古诗词。背面则放邮编框和邮票框等内容。参考效果如图1-53和图1-54所示。

图 1-53

图 1-54

课时安排 2课时。

第 2 章

绘制卡通人物
——选区与路径详解

本章概述

　　本章将对Photoshop的选区以及路径的创建与编辑操作进行讲解。通过本章的学习，掌握选区和路径的创建，能够更好地完成一些矢量和特定线条及图形的绘制。

要点难点

- 创建选区　★★☆
- 编辑选区　★★☆
- 创建路径　★★☆
- 编辑路径　★★★
- 创建形状路径　★★☆

跟我学 绘制芒种节气卡通人物

学习目标 通过本实操案例，学习如何使用钢笔工具绘制路径和形状，掌握路径与选区之间的转换操作，并能进行填色处理。初步了解图层样式的应用。

案例路径 云盘\实例文件\第2章\跟我学\绘制芒种节气卡通人物

步骤 01 执行"文件"|"新建"命令，在弹出的"新建文档"对话框中设置参数，单击"创建"按钮即可，如图2-1所示。

步骤 02 设置前景色（R：245、G：242、B：214），选择"油漆桶工具" 🖎 单击填充颜色，如图2-2所示。

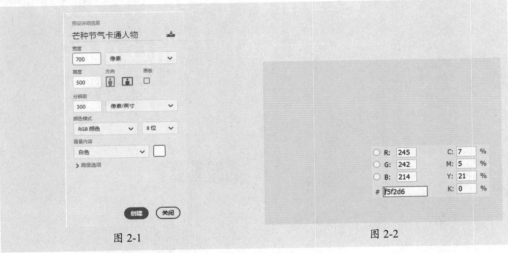

图 2-1

图 2-2

步骤 03 新建图层，选择"钢笔工具" 🖉 ∨ 路径 ∨ 绘制帽子路径，如图2-3所示。

步骤 04 右击鼠标，在弹出的快捷菜单中选择"填充路径"命令，打开"填充路径"对话框，设置填充颜色（R：193、G：153、B：107），如图2-4所示。

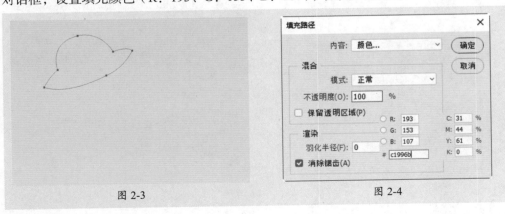

图 2-3

图 2-4

步骤 05 按Ctrl+Enter组合键将路径转换为选区，按Ctrl+D组合键取消选区，如图2-5所示。

步骤 06 新建图层，选择"钢笔工具" ⌀ ⌄ ┃ 路径 ⌄┃绘制脸部路径并填充淡黄色（R：251、G：219、B：180），将其移至帽子图层下方，如图2-6所示。

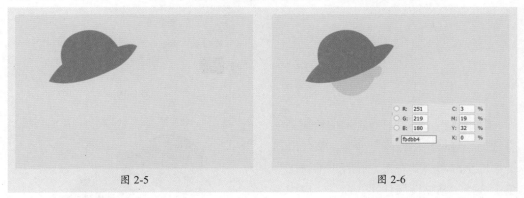

图 2-5   图 2-6

步骤 07 新建图层，选择"钢笔工具"绘制上衣路径并填充蓝色（R：91、G：109、B：144），在"图层"面板中调整图层顺序，如图2-7所示。

步骤 08 新建图层，选择"钢笔工具"绘制裤子路径并填充深蓝色（R：0、G：58、B：93），在"图层"面板中调整图层顺序，如图2-8所示。

图 2-7   图 2-8

步骤 09 分别新建图层，绘制四肢路径，选择"吸管工具" ⌀吸取脸部的颜色进行填充，调整图层顺序，如图2-9所示。

图 2-9

步骤 10 双击帽子图层，在弹出的"图层样式"对话框中选中"描边"复选框，设置描边大小为2像素，如图2-10所示。

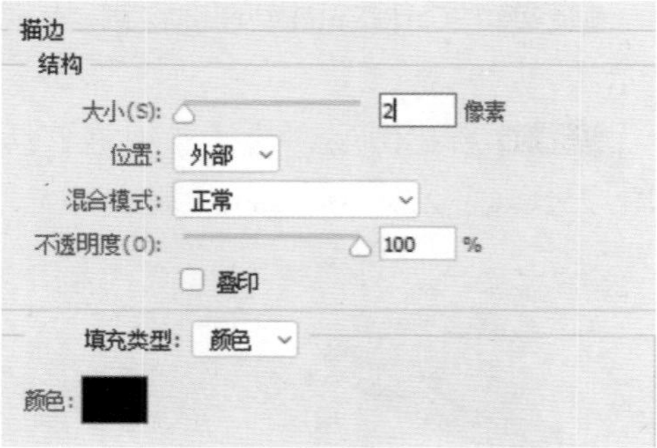

图 2-10

步骤 11 右击图层，在弹出的快捷菜单中选择"拷贝图层样式"命令，按住Shift键加选全部图层并右击，在弹出的快捷菜单中选择"粘贴图层样式"命令，应用效果如图2-11所示。

图 2-11

步骤 12 新建图层，选择"钢笔工具"绘制帽带（R：254、G：240、B：221）、白色毛巾、上衣袖口（R：201、G：223、B：247）、裤子裤口（R：170、G：188、B：224）、麦苗（R：116、G：187、B：42），按住Shift键加选以上全部形状图层并右击，在弹出的快捷菜单中选择"粘贴图层样式"命令，应用样式后调整顺序，如图2-12所示。

步骤 13 在属性栏中更改"钢笔工具"的模式为"形状"，设置描边为黑色，大小为3像素，绘制眼睛、衣袖边界以及裤口褶皱，如图2-13所示。

图 2-12

图 2-13

步骤 14 在属性栏中更改描边大小为4像素，分别设置蓝色（R：76、G：100、B：174）和浅蓝色（R：79、G：158、B：215）绘制水纹，如图2-14所示。

图 2-14

至此，完成芒种节气卡通人物的绘制。

知识链接　　初次接触板绘，可在纸上绘制出草稿，将其拍照置入软件中，使用钢笔工具描图绘制。

学 习 心 得

听 我 讲 ▶ Listen to me

2.1 创建选区 //

在Photoshop中，要对图像的局部进行编辑时，首先需要创建选区，选区实际上就是所控制的操作范围。

2.1.1 创建规则选区

使用选框工具可以创建规则的选区。在工具箱中用鼠标右击"矩形选框工具"，在弹出的子菜单中可更改选择椭圆选框工具、单行选框工具以及单列选框工具，如图2-15所示。

图 2-15

1.矩形和正方形选区的创建 ────────────────────○

选择"矩形选框工具" ⬚，在图像中单击并拖动光标，绘制出矩形选框，框内的区域就是选择区域，即选区，如图2-16所示。

若要绘制正方形选区，则可以在按住Shift键的同时在图像中单击并拖动鼠标，绘制出的选区即为正方形，如图2-17所示。

图 2-16   图 2-17

💬 **技巧点拨**

按住Shift+Alt组合键的同时在图像中单击并拖动光标，可从中心向四周扩散创建正方形选区。

选择矩形选框工具后，将会显示出该工具的属性栏，如图2-18所示。其中主要选项的功能介绍如下。

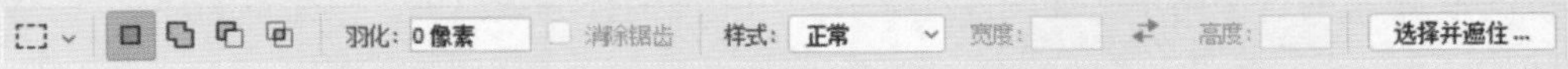

图 2-18

- **当前工具** ▫：该按钮显示的是当前所选择的工具，单击该按钮可以弹出工具箱的快捷菜单，在其中可以调整工具的相关参数。
- **选区编辑按钮组** ▫▫▫▫：该按钮组又被称为"布尔运算"按钮组，各按钮的名称从左至右分别是新选区、添加到选区、从选区减去及与选区交叉。
- **"羽化"文本框**：羽化是指通过创建选区边框内外像素的过渡来使选区边缘模糊。羽化宽度越大，则选区的边缘越模糊，此时选区的直角处也将变得圆滑，其取值范围为0～250像素。
- **"样式"下拉列表**：该下拉列表中有"正常""固定比例"和"固定大小"3个选项，用于设置选区的形状。

知识链接

关于选区编辑按钮组功能的介绍如下。
单击"新选区"按钮 ▫，即可选择新的选区。
单击"添加到选区"按钮 ▫，可以连续创建选区，将新的选择区域添加到原来的选择区域里。
单击"从选区减去"按钮 ▫，选择范围为从原来的选择区域里减去新的选择区域。
单击"与选区交叉"按钮 ▫，选择的是新选择区域和原来的选择区域相交的部分。

2. 椭圆和正圆选区的创建

使用椭圆选框工具可以在图像或图层中绘制圆形或椭圆形选区。在工具箱中单击"椭圆选框工具" ▫，在图像中单击并拖动光标，可绘制出椭圆形的选区，如图2-19所示。

若要绘制正圆形的选区，则可以按住Shift键的同时在图像中单击并拖动鼠标，绘制出的选区即为正圆形，如图2-20所示。

图 2-19

图 2-20

实际应用中，经常会用到环形选区，创建环形选区需要借助"从选区减去"按钮。首先创建一个圆形选区，单击"从选区减去"按钮，再次拖动绘制选区，此时绘制的部分比原来的选区略小，如图2-21所示，其中间的部分被减去，只留下圆环区域，如图2-22所示。

图 2-21　　　　　　　　　　　　　　图 2-22

3. 单行 / 单列选框工具

使用单行/单列选框工具可以在图像或图层中绘制出一个像素宽的横线或竖线区域，常用来制作网格效果。选择"单行选框工具"或"单列选框工具"，在图像中单击即可绘制出单行或单列选区，如图2-23所示。若连续增加选区，可以选择"添加到选区"按钮，或按住Shift键进行绘制，如图2-24所示。

图 2-23　　　　　　　　　　　　　　图 2-24

知识链接　　　使用单行选框工具和单列选框工具创建的是1像素宽的横向或纵向选区，主要用于制作一些线条。

2.1.2　创建不规则选区

不规则选区从字面上理解是比较随意、自由、不受具体某个形状制约的选区，在实际应用中比较常见。在工具箱中用鼠标右击"套索工具"，在弹出的子菜单中可更改选择多边形套索工具、磁性套索工具，如图2-25所示。

▪ ◯ 套索工具	L
▷ 多边形套索工具	L
▷ 磁性套索工具	L

图 2-25

❶ 创建自由选区

使用套索工具，可以创建任意形状的选区。选择"套索工具"◯，在图像窗口中按住鼠标左键进行自由绘制，释放鼠标后即可创建选区，如图2-26、图2-27所示。

图 2-26　　　　　　　　　　　　　　　　图 2-27

知识链接　若所绘轨迹是一条闭合曲线，则选区即为该曲线所选范围；若轨迹是非闭合曲线，则套索工具会自动将该曲线的两个端点以直线连接从而构成一个闭合选区。

❷ 不规则矩形选区的创建

使用多边形套索工具可以创建具有直线轮廓的不规则选区。多边形套索工具的原理是使用线段作为选区局部的边界，由鼠标连续点击生成的线段连接起来形成一个多边形的选区。

选择"多边形套索工具"▷，在图像中单击创建选区的起始点，沿需要创建选区的轨迹单击鼠标，创建出选区的其他端点，最后将光标移动到起始点处，当光标变成形状时单击，即可创建出需要的选区，如图2-28所示。若不回到起点，在任意位置双击鼠标，也会自动在起点和终点间生成一条连线作为多边形选区的最后一条边，如图2-29所示。

图 2-28　　　　　　　　　　　　　　　　图 2-29

3. 精确选区的创建

使用磁性套索工具可以为图像中颜色交界处反差较大的区域创建精确选区。磁性套索工具是根据颜色像素自动查找边缘来生成与选择对象最为接近的选区，一般适合于选择与背景反差较大且边缘复杂的对象。

选择"磁性套索工具" ，在图像窗口中需要创建选区的位置单击确定选区起始点，沿选区的轨迹拖动鼠标，系统将自动在鼠标移动的轨迹上选择对比度较大的边缘产生节点，如图2-30所示。当光标回到起始点变为 形状时单击，即可创建出精确的不规则选区，如图2-31所示。

图 2-30　　　　　　　　　　　　　　　图 2-31

💬 技巧点拨

使用磁性套索工具创建选区时：

- 若要自动闭合边框，双击或按Enter键即可；
- 若在选取过程中，对比度较低难以精确绘制时，可以单击鼠标添加节点；
- 按Delete键将删除当前节点；
- 按Esc键退出全部选区的创建。

4. 快速选区的创建

魔棒工具组包括"魔棒工具"和"快速选择工具"，属于灵活性很强的选择工具，通常用于选取图像中颜色相同或相近的区域，不必跟踪其轮廓。

选择"魔棒工具" ，将会显示出该工具的属性栏，在属性栏中设置"容差"以辅助软件对图像边缘进行区分，一般情况下容差值设置为30px。将光标指针移动到需要创建选区的图像中，当指针变为 形状时单击即可快速创建选区，如图2-32所示。

选择"快速选择工具" 创建选区时，其选取范围会随着光标指针移动而自动向外扩展并自动查找和跟随图像中定义的边缘，按住Shift键和Alt键的同时单击可增减选区大小，如图2-33、图2-34所示。

| 图 2-32 | 图 2-33 | 图 2-34 |

5. 使用色彩范围创建选区

可根据色彩范围创建选区，主要针对色彩进行操作。执行"选择"|"色彩范围"命令，弹出"色彩范围"对话框，使用"吸管工具" 吸取颜色，可根据需要调整容差参数，完成后单击"确定"按钮即可创建选区，如图2-35、图2-36所示。

| 图 2-35 | 图 2-36 |

"色彩范围"对话框中主要选项的功能介绍如下。

● **"选择"下拉列表框**：用于选择预设颜色。

● **"颜色容差"文本框**：用于设置选择颜色的范围，数值越大，选择颜色的范围越大；反之，选择颜色的范围就越小。拖动下方滑动条上的滑块可快速调整数值。

● **预览区**：用于显示预览效果。选中"选择范围"单选按钮，在预览区中白色表示被选择的区域，黑色表示未被选择的区域；选中"图像"单选按钮，预览区内将显示原图像。

● **吸管工具组** ✎ ✎ ✎：用于在预览区中单击取样颜色，✎ 和 ✎ 工具分别用于增加和减少选择的颜色范围。

2.2 编辑选区

创建选区后，可以根据需要对选区的位置、大小和形状等进行编辑和修改。选区的编辑包括移动、反选、存储/载入、填充、描边、变换以及调整选区等。

2.2.1 移动选区

若创建的选区并未与目标图像重合或未完全选择所需要的区域，此时需要对选区位置进行调整。在选择任意选区工具的状态下，将光标指针移动到选区的边缘位置，当指针变为ᐷ形状时单击并拖动鼠标即可移动选区，如图2-37所示。在使用鼠标拖动选区的同时按住Shift键可使选区在水平、垂直或45°倾斜方向移动。若单击"选择工具"，当鼠标指针变为ᐅ形状，可剪切移动当前选区内容，如图2-38所示。

图 2-37 　　　　　　　　　　　　　　　　　图 2-38

💬 **技巧点拨**

可以使用方向键移动选区。按方向键可以每次以1像素为单位移动选区，若按住Shift键的同时按方向键，则每次以10像素为单位移动选区。

2.2.2 反选选区

反选选区是指快速选择当前选区外的其他图像区域，而当前选区将不再被选择。创建选区后执行"选择"|"反选"命令或按Ctrl+Shift+I组合键，可以选取图像中除选区以外的其他图像区域，如图2-39、图2-40所示。

图 2-39   图 2-40

💬 **技巧点拨**

创建选区后，右击鼠标，在弹出的快捷菜单中选择"选择反向"命令，可快速反选选区。

2.2.3 存储/载入选区

对于创建好的选区，如果需要多次使用，可以将其进行存储。使用存储选区命令，可以将当前的选区存放到一个新的Alpha通道中。创建选区后，执行"选择"|"存储选区"命令，或右击鼠标，在弹出的快捷菜单中选择"存储选区"命令，打开"存储选区"对话框，如图2-41、图2-42所示，在其中设置选区名称后，单击"确定"按钮即可对当前选区进行存储。

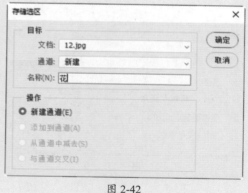

图 2-41   图 2-42

使用"载入选区"命令可以调出Alpha通道中存储过的选区。执行"选择"|"载入选区"命令，弹出"载入选区"对话框，在"文档"下拉列表中选择刚才保存的选区；在"通道"下拉列表中选择存储选区的通道名称；在"操作"选项区中选择载入选区后与图像中现有选区的运算方式，完成后单击"确定"按钮即可载入选区，如图2-43、图2-44所示。

图 2-43　　　　　　　　　　　　　图 2-44

　　若要载入单个图层的选区，可以按住Ctrl键的同时单击该图层的缩览图。

2.2.4　填充选区

　　使用填充命令可为整个图层或图层中的一个区域进行填充。创建选区后，执行"编辑"|"填充"命令或按Shift+F5组合键，或在建立选区之后用鼠标右击，在弹出的快捷菜单中选择"填充"命令，弹出"填充"对话框，如图2-45、图2-46所示。

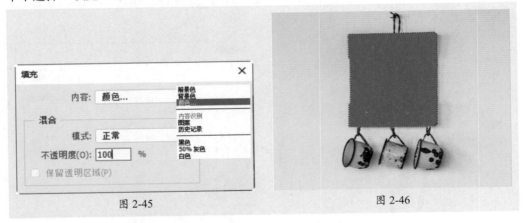

图 2-45　　　　　　　　　　　　　图 2-46

2.2.5　描边选区

　　使用"描边"命令可以在选区、路径或图层边界绘制边框效果。创建选区后，执行"编辑"|"描边"命令或按Alt+E+S组合键，或在建立选区之后用鼠标右击，在弹出的快捷菜单中选择"描边"命令，可弹出"描边"对话框进行参数设置，如图2-47、图2-48所示。

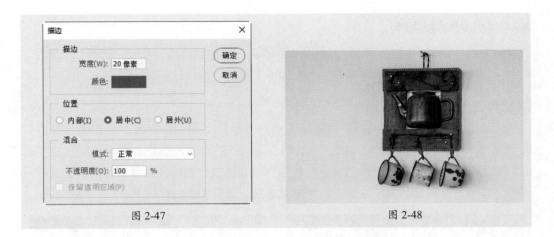

图 2-47   图 2-48

2.2.6　变换选区

使用"自由变换"命令可以在一个连续的操作中应用变换（旋转、缩放、斜切、扭曲和透视）。创建选区后，执行"选择"|"自由变换"命令，或右击鼠标，在弹出的快捷菜单中选择"自由变换"命令，此时将在选区的四周出现调整控制框，调整控制框上的控制点即可更改选区形状，如图2-49、图2-50所示。

图 2-49   图 2-50

知识链接

　　创建选区后，按Ctrl+T组合键变换选区，使用"选择工具"可自由拖动控制框调整选区。或右击鼠标，在弹出的快捷菜单中选择相应的命令即可，如图2-51所示。

图 2-51

2.2.7 调整选区

创建选区后还可以对选区的大小以及范围进行调整和修改。执行"选择"|"修改"命令，在弹出的子菜单中执行相应的命令即可实现对应的功能。

1. 边界

边界也叫扩边，即指用户可以在原有的选区上再套用一个选区，填充颜色时则只能填充两个选区中间的部分。执行"选择"|"修改"|"边界"命令，在弹出的"边界选区"对话框中设置参数，单击"确定"按钮即可。通过边界选区命令创建出的选区是带有一定模糊过渡效果的选区，填充选区即可看出，如图2-52、图2-53所示。

图 2-52　　　　　　　　　　　　　　　图 2-53

2. 平滑

平滑选区是指调节选区的平滑度，清除选区中的杂散像素以及平滑尖角和锯齿。执行"选择"|"修改"|"平滑"命令，在弹出的"平滑选区"对话框中设置参数，单击"确定"按钮即可，如图2-54、图2-55所示。

图 2-54　　　　　　　　　　　　　　　图 2-55

3. 扩展

扩展选区即按特定数量的像素扩大选择区域，通过扩展选区命令能精确扩展选区的范围，选区的形状实际上并没有改变。执行"选择"|"修改"|"扩展"命令，在弹出的"扩展选区"对话框中设置参数，单击"确定"按钮即可，如图2-56、图2-57所示。

图 2-56　　　　　　　　　　　　　　　　　　　图 2-57

4. 收缩

收缩与扩展相反，收缩即按特定数量的像素缩小选择区域，通过收缩选区命令可去除一些图像边缘杂色，让选区变得更精确，选区的形状也没有改变。执行"选择"|"修改"|"收缩"命令，在弹出的"收缩选区"对话框中设置参数，单击"确定"按钮即可，如图2-58、图2-59所示。

图 2-58　　　　　　　　　　　　　　　　　　　图 2-59

5. 羽化

羽化选区的目的是使选区边缘变得柔和，从而使选区内的图像与选区外的图像自然地过渡，常用于图像合成实例中。

羽化选区的方法有以下两种。

（1）创建选区前羽化。

使用选区工具创建选区前，在其属性栏的"羽化"文本框中输入一定数值后再创建选区，这时创建的选区将带有羽化效果。

（2）创建选区后羽化。

创建选区后，执行"选择"|"修改"|"羽化"命令或按Shift+F6组合键，在弹出的"羽化选区"对话框中设置参数，单击"确定"按钮，填充选区即可看出羽化效果，如图2-60、图2-61所示。

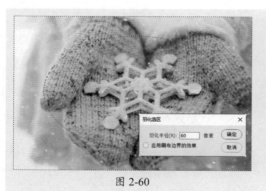

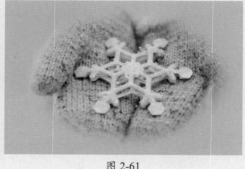

图 2-60   图 2-61

2.3 创建路径

路径由一个或多个直线段或曲线段组成。路径的形状是由锚点控制的，锚点标记路径段的端点，通过路径绘制出来的图形为矢量图形。

2.3.1 创建钢笔路径

在工具箱中右击"钢笔工具"，在弹出的子菜单中可更改选择其他工具，如图2-62所示。

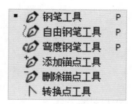

图 2-62

1. 钢笔工具

钢笔工具是一种矢量绘图工具，使用它可以精确绘制直线或平滑的曲线。选择"钢笔工具"，在图像中单击创建路径起点，此时在图像中会出现一个锚点，沿图像中需要创建路径的图案轮廓方向单击并按住鼠标不放向外拖动，让曲线贴合图像边缘，直到光标与创建的路径起点相连接，路径会自动闭合，如图2-63、图2-64所示。

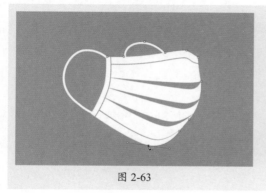

图 2-63   图 2-64

在绘制过程中，最后一个锚点为实心方形，表示处于选中状态。继续添加锚点时，之前定义的锚点会变成空心方形。若勾选属性栏中的"自动添加/删除"复选框，则单击现有点可将其删除。

2. 自由钢笔工具

使用自由钢笔工具在图像窗口中拖动鼠标可以绘制任意形状的路径。在绘画时，将自动添加锚点，无须确定锚点的位置，完成路径后同样可进一步对其进行调整。

选择"自由钢笔工具" ，在属性栏中勾选"磁性的"复选框将创建连续的路径，同时会随着鼠标的移动产生一系列的锚点，如图2-65、图2-66所示；若取消勾选该复选框，则可创建不连续的路径。

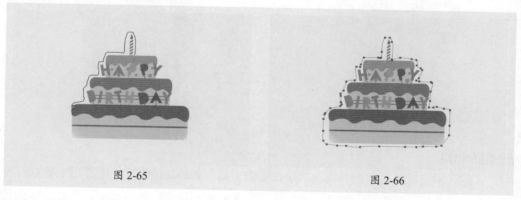

图 2-65   图 2-66

3. 弯度钢笔工具

使用弯度钢笔工具可以轻松地绘制平滑曲线和直线段。使用这个工具，可以在设计中创建自定义形状，或定义精确的路径。在使用的时候，无须切换工具就能创建、编辑、添加或删除平滑点或角点。

选择"弯度钢笔工具" 确定起始点，绘制第二个点成为直线段，如图2-67所示，绘制第三个点，这三个点就会形成一条连接的曲线，如图2-68所示，将鼠标移到锚点出现 时，可随意移动锚点的位置。

图 2-67   图 2-68

2.3.2 路径形状的调整

路径可以是平滑的直线或曲线，也可以是由多个锚点组成的闭合形状，在路径中添加锚点或删除锚点都能改变路径的形状。

1. 添加锚点

选择"添加锚点工具" ⬚，将鼠标指针移到要添加锚点的路径上，当鼠标指针变为 ⬚ 形状时单击鼠标即可添加一个锚点，添加的锚点以实心显示，拖动该锚点可以改变路径的形状，如图2-69、图2-70所示。

图 2-69　　　　　　　　　　　　　　　　图 2-70

2. 删除锚点

"删除锚点工具" ⬚ 的功能与"添加锚点工具" ⬚ 的功能相反，主要用于删除不需要的锚点。选择"删除锚点工具" ⬚ ，将鼠标指针移到要删除的锚点上，当鼠标指针变为 ⬚ 形状时单击鼠标即可删除该锚点，删除锚点后路径的形状也会发生相应变化，如图2-71、图2-72所示。

图 2-71　　　　　　　　　　　　　　　　图 2-72

知识链接　　在"钢笔工具"或"自由钢笔工具"的属性栏中勾选"自动添加/删除"复选框，则在单击线段或曲线时，将会添加锚点；单击现有的锚点时，该锚点将被删除。

3. 转换锚点

选择"转换点工具" ↖ 可以将路径在角点和平滑点之间进行转换。

● 若要将角点转换为平滑点，在锚点上按住鼠标左键不放并拖动，会出现锚点的控制柄，拖动控制柄即可调整曲线的形状，如图2-73所示。

● 若要将平滑点转换成没有方向线的角点，只要单击平滑锚点即可。

● 若要将平滑点转换为独立方向的角点，只要单击任一方向的控制点即可，如图2-74所示。

图 2-73   图 2-74

2.3.3 路径和"路径"面板

路径是指一些不可打印、不能活动的矢量形状，由锚点和连接锚点的线段或曲线构成。每个锚点包含两个控制柄，用于精确调整锚点及前后线段的曲度，从而匹配想要选择的边界。

执行"窗口"|"路径"命令，弹出"路径"面板，如图2-75所示。

图 2-75

"路径"面板中主要选项的功能介绍如下。

● **路径缩览图和路径名称：** 用于显示路径的大致形状和路径名称，双击名称后可为该路径重命名。

● **"用前景色填充路径"按钮 ●：** 单击该按钮将使用前景色填充当前路径。

- **"用画笔描边路径"按钮** ○：单击该按钮可用画笔工具和前景色为当前路径描边。
- **"将路径作为选区载入"按钮** ⋮：单击该按钮可将当前路径转换成选区，此时还可对选区进行其他编辑操作。
- **"添加图层蒙版"按钮** ▣：单击该按钮为路径添加图层蒙版。
- **"创建新路径"按钮** ▣：单击该按钮创建新的路径图层。
- **"删除当前路径"按钮** 🗑：单击该按钮删除当前路径图层。

2.4　编辑路径

选择路径后可使用直接选择工具组对其进行编辑，如复制路径、删除多余路径、存储路径、描边路径以及填充路径等操作。在工具箱中用鼠标右击"路径选择工具"，在弹出的子菜单中可更改选择直接选择工具，如图2-76所示。

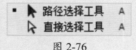

图 2-76

2.4.1　选择路径

路径选择工具用于选择和移动整个路径。选择"路径选择工具" ▶，在图像窗口中单击可选择单个路径，按住Shift键单击可选择多个路径。按住鼠标左键不放进行拖动即可改变所选择路径的位置，如图2-77、图2-78所示。

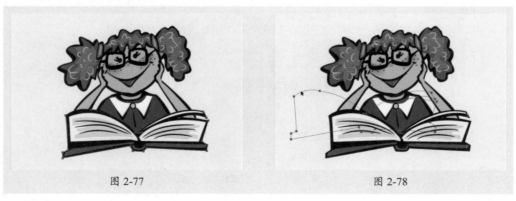

图 2-77　　　　　　　　　　　　　图 2-78

直接选择工具用于移动路径的部分锚点或线段。选择"直接选择工具"单击可选择任一锚点，按住Shift键单击可选择多个锚点，调整其锚点位置和方向，而其他未选中的锚点或线段则不被改变，选中的锚点显示为实心方形，未被选中的锚点显示为空心方形，如图2-79、图2-80所示。

图 2-79   图 2-80

2.4.2　复制和删除路径

　　选择需要复制的路径，按住Alt键，鼠标指针变为▶形状，此时拖动路径即可复制出新的路径，如图2-81所示。

　　若要删除整个路径，单击选中该路径，按Delete键删除即可。若要删除一个路径的某段路径，使用"直接选择工具"▶选择所要删除的路径锚点，按Delete键即可，如图2-82所示。

图 2-81   图 2-82

2.4.3　存储路径

　　在图像中首次绘制路径会默认为工作路径，若将工作路径转换为选区并填充选区后，再次绘制路径则会自动覆盖前面绘制的路径。若不想绘制的路径被覆盖，则需存储路径。

　　在"路径"面板中单击右上角的"菜单"按钮，在弹出的菜单中选择"存储路径"命令，打开"存储路径"对话框，在该对话框的"名称"文本框中设置路径名称，单击"确定"按钮即可保存路径，如图2-83、图2-84所示。

图 2-83　　　　　　　　　　　　　　　　图 2-84

2.4.4　描边路径

描边就是在边缘加上边框，描边路径则是为路径边缘添加画笔线条效果，用户可以自定义画笔的笔触和颜色，可使用的工具包括画笔、铅笔、橡皮擦和图章工具等。

选择需要描边的路径，设置描边颜色（前景色）以及描边工具的相关属性（默认情况下为画笔工具），按住Alt键的同时，单击面板底部的"用画笔描边路径"按钮；或者在绘制路径后，右击鼠标，在弹出的快捷菜单中选择"描边路径"命令，在弹出的"描边路径"对话框中设置参数，单击"确定"按钮即可，如图2-85、图2-86所示。

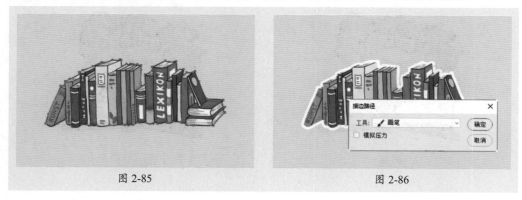

图 2-85　　　　　　　　　　　　　　　　图 2-86

2.4.5　填充路径

使用填充路径功能能为路径填充前景色、背景色或其他颜色，同时还能快速地为图像填充图案。若路径为线条，则会按"路径"面板中显示的选区范围进行填充。

选择需要填充的路径，设置填充颜色（前景色），按住Alt键的同时，单击面板底部的"用前景色填充路径"按钮；或者在绘制路径后，用鼠标右键单击，在弹出的快捷菜单中选择"填充路径"命令，在弹出的"填充路径"对话框中设置参数，单击"确定"按钮即可，如图2-87、图2-88所示。

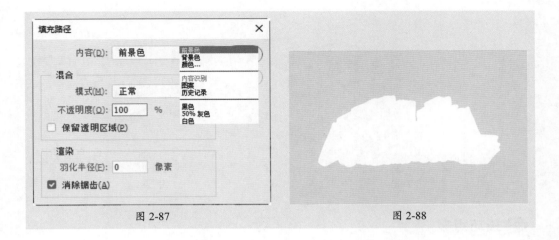

图 2-87   图 2-88

2.5 创建形状路径 //

使用形状工具绘制的图形会显示路径，具有矢量图形的性质。使用形状工具可以绘制多种规则或不规则的形状或路径。在工具箱中用鼠标右击"矩形工具"，在弹出的子菜单中可更改选择圆角矩形工具、椭圆工具、多边形工具、直线工具以及自定形状工具，如图2-89所示。

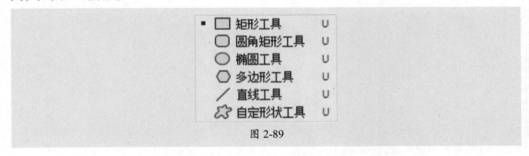

图 2-89

2.5.1 绘制矩形和圆角矩形

使用矩形工具可以在图像窗口中绘制任意方形或具有固定长宽的矩形。选择"矩形工具" ⬚，在属性栏上选择"形状"选项，在图像中拖动绘制以前景色填充的矩形；若选择"路径"选项，则绘制矩形路径，如图2-90所示。

使用圆角矩形工具可以在图像窗口中绘制具有圆角效果的矩形。选择"圆角矩形工具" ⬚，在属性栏的"半径"文本框中输入参数，数值越大，圆角的弧度也越大。如图2-91所示是半径为80像素的圆角矩形和圆角矩形路径。

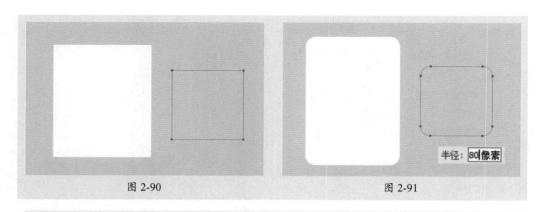

图 2-90   图 2-91

💬 **技巧点拨**

　　按住Shift键可以绘制正方形；按住Alt键可以以鼠标为中心绘制矩形；按住Shift+Alt组合键可以以鼠标为中心绘制正方形。（适用于所有绘图工具）

2.5.2　绘制椭圆和正圆

　　使用椭圆工具可以绘制椭圆形，按住Shift键可以绘制正圆形，如图2-92、图2-93所示。

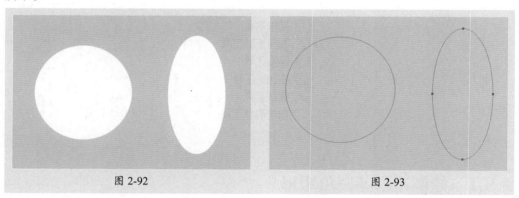

图 2-92   图 2-93

知识链接

　　　　　　　　　　选择"形状"
　　选项绘制图形时，会在"图层"面板中自动新建形状图层，如图2-94所示；若选择"路径"选项，则不会新建图层，默认在选择的图层中绘制图形，如图2-95所示。

图 2-94   图 2-95

2.5.3　绘制多边形

　　使用多边形工具可以绘制出正多边形（最少为3边）和星形。选择"多边形工具"◎，在其属性栏中可对绘制图形的边数进行设置，如图2-96所示。

图 2-96

　　若要绘制星形，可以单击属性栏中的✿按钮，在弹出的扩展菜单中选中"星形"复选框，如图2-97、图2-98所示。

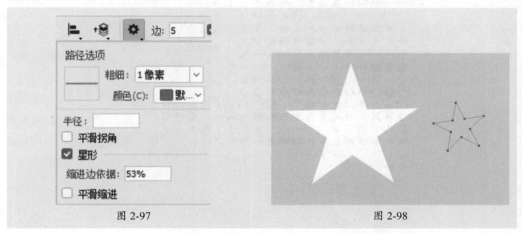

图 2-97　　　　　　　　　　　　　　　　　　图 2-98

2.5.4　直线工具

　　使用直线工具可以绘制出直线和带有箭头的路径。选择"直线工具"╱，在其属性栏中可对绘制直线的粗细进行设置。按住Shift键可绘制水平直线，如图2-99所示为不同选项下的直线。

　　若要绘制箭头，可以单击属性栏中的✿按钮，在弹出的扩展菜单中对箭头的参数进行设置。如图2-100所示为有无终点的对比图。

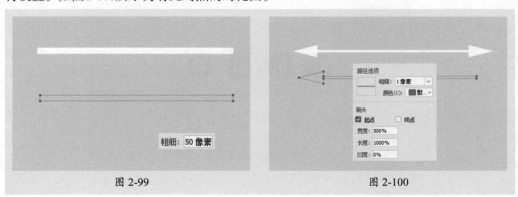

图 2-99　　　　　　　　　　　　　　　　　　图 2-100

2.5.5　绘制自定义形状

使用自定义形状工具可以绘制出系统自带的不同形状。选择"自定形状工具" ✿，单击属性栏中的 按钮，在弹出的下拉列表中，单击 ✿ 按钮，在弹出的子菜单中选择"全部"命令，可以将预设的所有形状加载到"自定形状"拾色器中，如图2-101所示，然后选择预设形状拖动绘制即可，如图2-102所示。

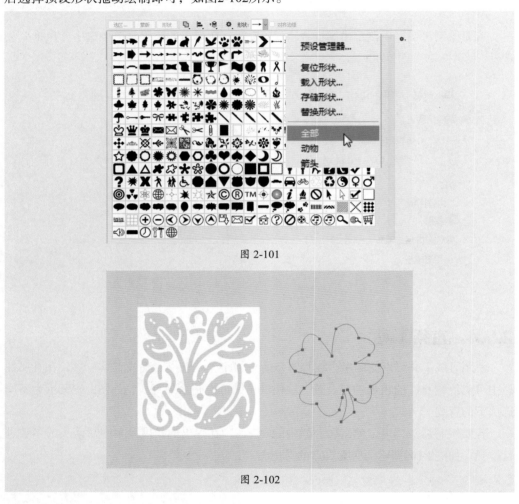

图 2-101

图 2-102

读 书 笔 记

自己练／绘制卡通熊猫

案例路径 云盘＼实例文件＼第2章＼自己练＼绘制卡通熊猫

项目背景 某市的纸博师傅使用熊猫的粪便，运用古法造纸工艺造出了古色古香可使用的"熊猫纸"。为推广这项非物质文化遗产，准备为其绘制一个卡通形象，以便于后期文创作品的宣发与制作。

项目要求 ①充分展现大熊猫的特征。

②设计规格为20mm×20mm。

项目分析 可以以大熊猫的照片作为参考，使用钢笔工具进行绘制，可适当夸大处理，放大其特征，例如黑眼圈、圆滚滚的身体。参考效果如图2-103所示。

图 2-103

课时安排 2课时。

Photoshop

第 **3** 章

绘制拟物化图标
——图层详解

本章概述

　　本章将对Photoshop的图层以及图层样式的知识进行讲解。通过本章的学习，掌握图层的操作方法，了解并掌握图层的混合模式、不透明度以及图层样式的设置方法，让普通的图像或文字变得更加有质感。

要点难点

● 选择图层 ★☆☆
● 对齐与分布图层 ★★☆
● 图层的混合模式 ★★☆
● 不透明度与填充 ★★☆
● 图层样式的应用 ★★★

跟我学 绘制拟物化图标 ////////////////////////////////

学习目标 通过本实操案例，熟练地使用绘图工具绘制图形，初步了解填充中渐变的运用，学会使用图层样式对绘制好的图形进行效果设置。

案例路径 云盘\实例文件\第3章\跟我学\绘制拟物化图标

步骤 01 执行"文件"|"新建"命令，在弹出的"新建文档"对话框中设置参数，单击"创建"按钮，如图3-1所示。

步骤 02 设置前景色（R：186、G：198、B：196），选择"油漆桶工具" 🖌️ 单击填充颜色，如图3-2所示。

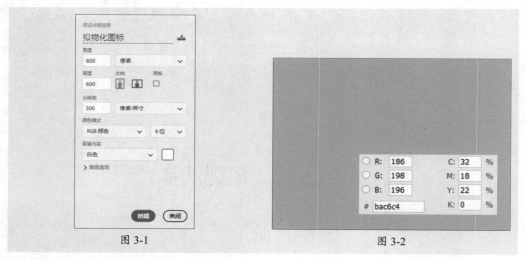

图 3-1　　　　　　　　　　　　　　　　图 3-2

步骤 03 选择"矩形工具"绘制矩形，在"属性"面板中设置圆角弧度参数，如图3-3、图3-4所示。

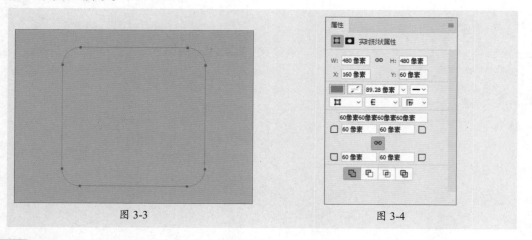

图 3-3　　　　　　　　　　　　　　　　图 3-4

步骤 04 单击填充按钮，在弹出的列表框中单击"渐变" ▮▮ 按钮，将渐变颜色设置为从红色（R：239、G：125、B：129）到粉色（R：255、G：199、B：201）渐变，如图3-5、图3-6所示。

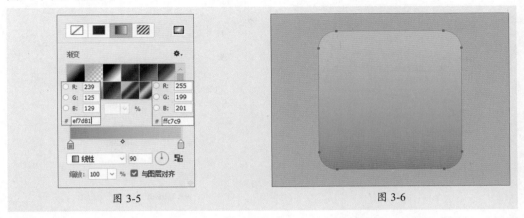

图 3-5   图 3-6

步骤 05 双击矩形图层，在弹出的"图层样式"对话框中设置"斜面和浮雕"参数，将阴影模式中正片叠底的颜色更改为深红色（R：186、G：100、B：104），如图3-7所示。

步骤 06 单击"内发光"，设置其选项参数，设置发光颜色为粉色（R：255、G：165、B：168），如图3-8所示。

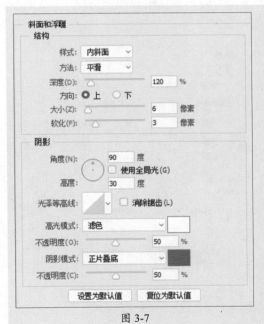

图 3-7

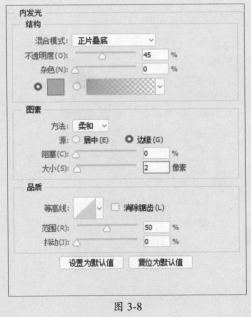

图 3-8

步骤 07 设置"内阴影"选项参数，单击"等高线"，在弹出的"等高线编辑器"对话框中调整等高线，如图3-9所示。

步骤 08 设置"外发光"选项参数，外发光的颜色与内发光颜色相同，如图3-10所示。

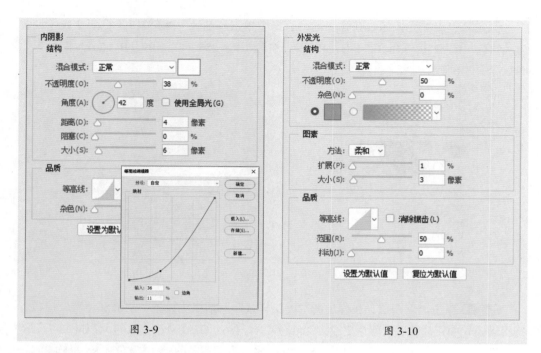

图 3-9　　　　　　　　　　　　　　　图 3-10

步骤 09 设置"投影"选项参数，如图3-11所示。

步骤 10 单击"内阴影"后的⊞按钮设置选项参数，设置阴影颜色为深一点的粉色（R：248、G：130、B：135），如图3-12所示。

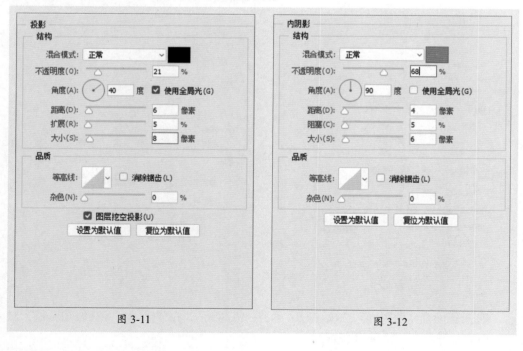

图 3-11　　　　　　　　　　　　　　　图 3-12

步骤 11 单击"确定"按钮,效果如图3-13所示。

步骤 12 设置前景色(R:250、G:134、B:140),选择"椭圆工具",按住Shift+Alt组合键绘制两个正圆,单击属性栏中的"垂直居中对齐"与"水平居中对齐"按钮,效果如图3-14所示。

图 3-13

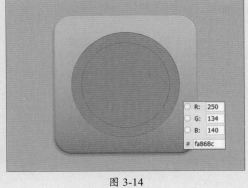

图 3-14

步骤 13 按住Shift键选中两个正圆,执行"图层"|"合并形状"|"减去顶层形状"命令,效果如图3-15所示。

步骤 14 双击合并的形状图层,在弹出的"图层样式"对话框中设置"内阴影"参数,单击"等高线",在弹出的"等高线编辑器"对话框中调整等高线,如图3-16所示。

图 3-15

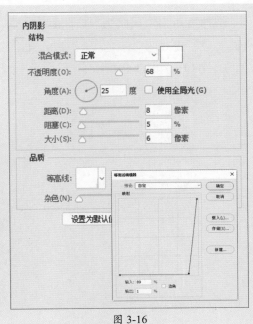

图 3-16

步骤 **15** 设置"内阴影"选项参数，更改阴影颜色（R：234、G：119、B：124）与等高线值，如图3-17所示。

步骤 **16** 设置"投影"选项参数，更改投影颜色（R：118、G：12、B：18）与等高线值，如图3-18所示。

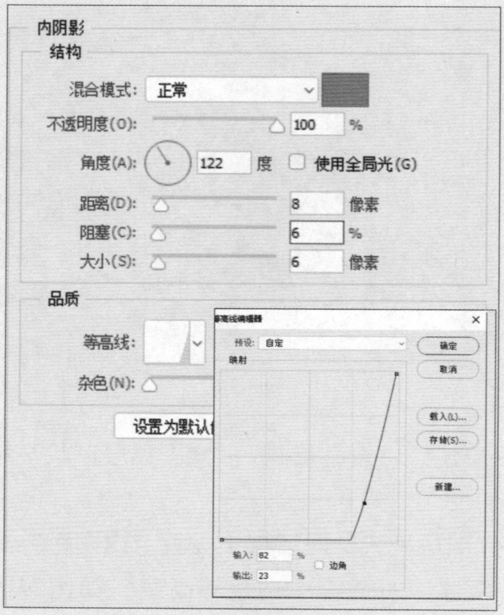

图 3-17

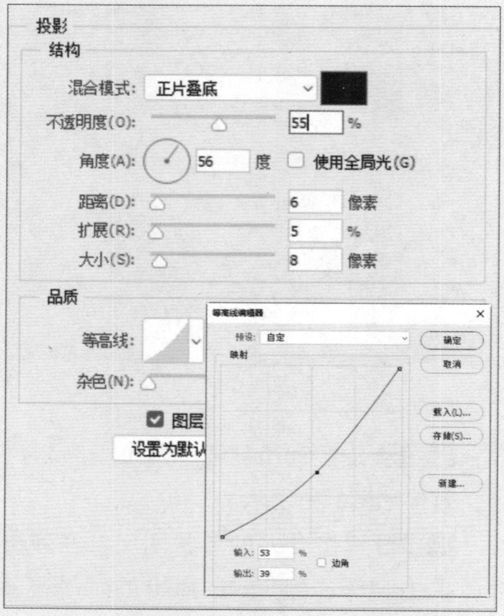

图 3-18

步骤 **17** 单击"内阴影"后的⊞按钮设置其参数，更改阴影颜色（R：179、G：62、B：68），如图3-19所示。

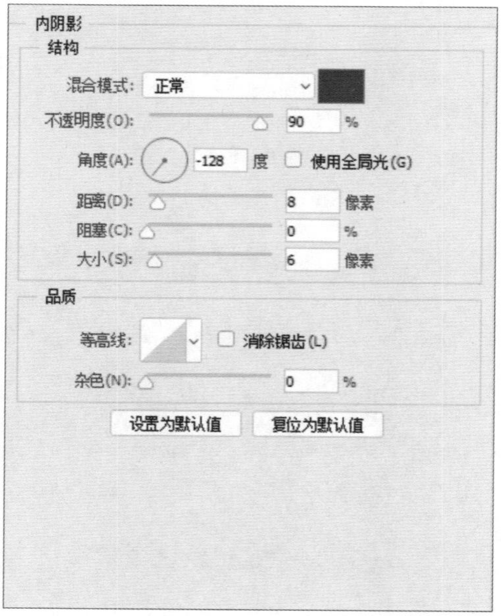

图 3-19

步骤 18 单击"确定"按钮，效果如图3-20所示。

图 3-20

步骤 19 设置前景色（R：242、G：235、B：235），选择"椭圆工具"，按住Shift+Alt组合键绘制正圆，并调整图层顺序，如图3-21、图3-22所示。

图 3-21

图 3-22

步骤 20 双击形状图层，在弹出的"图层样式"对话框中设置"内发光"参数，更改发光颜色（R：196、G：55、B：60），如图3-23所示。

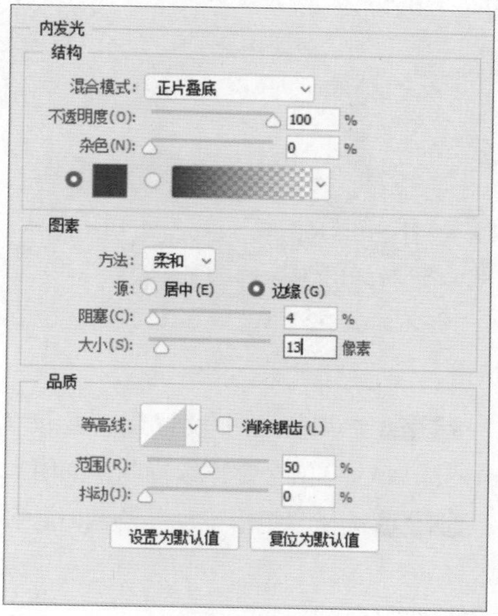

图 3-23

步骤 21 单击"确定"按钮，效果如图3-24所示。

图 3-24

步骤 22 执行"编辑"|"首选项"|"参考线、网格和切片"命令，在弹出的"首选项"对话框中设置网格参数，如图3-25所示。

图 3-25

步骤 23 按Ctrl+；组合键显示网格，如图3-26所示。

步骤 24 设置前景色为深灰色（R：83、G：83、B：83），选择"矩形工具"绘制矩形，按Ctrl+T组合键自由变换，按Alt键将中心点移至图像正中心，如图3-27所示。

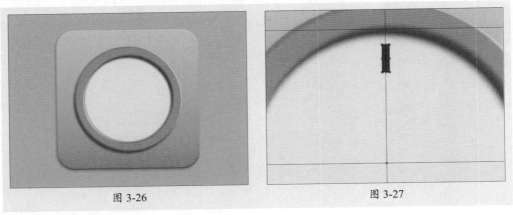

图 3-26   图 3-27

步骤 25 在属性栏中设置旋转角度为30度 ⊿ 30 度，按Enter键确定变换，按住Ctrl+Shift+Alt+T组合键连续复制，如图3-28所示。

步骤 26 选择"矩形工具"绘制时针和分针，如图3-29所示。

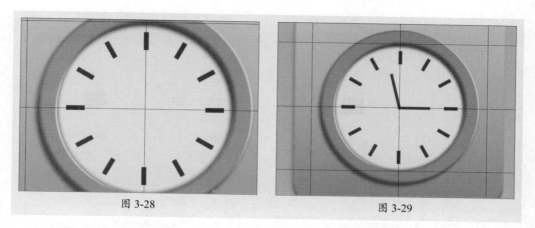

图 3-28　　　　　　　　　　　　图 3-29

步骤 27 选择"椭圆工具"，按住Shift键绘制正圆，更改填充颜色（R：210、G：90、B：94），效果如图3-30所示。

步骤 28 选择"矩形工具"绘制秒针，填充和正圆相同的颜色，如图3-31所示。

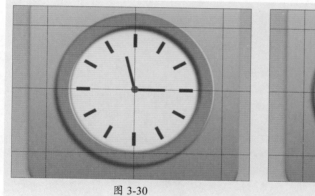

图 3-30

图 3-31

步骤 29 双击时针图层，在弹出的"图层样式"对话框中设置参数，如图3-32所示。

投影

结构

混合模式：正常

不透明度(O)：100 %

角度(A)：42 度 □ 使用全局光(G)

距离(D)：6 像素

扩展(R)：0 %

大小(S)：8 像素

品质

等高线：□ 消除锯齿(L)

杂色(N)：0 %

☑ 图层挖空投影(U)

设置为默认值　复位为默认值

图 3-32

步骤30 双击分针图层，在弹出的"图层样式"对话框中设置参数，如图3-33所示。

步骤31 双击秒针图层，在弹出的"图层样式"对话框中设置参数，如图3-34所示。

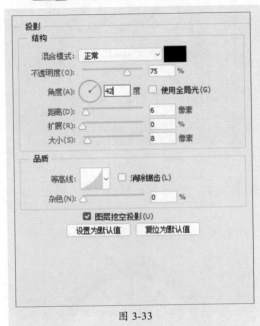

图 3-33

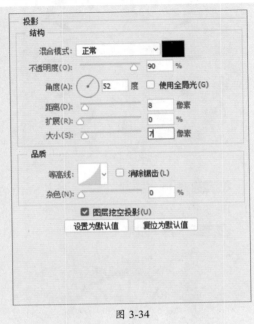

图 3-34

步骤32 单击"确定"按钮，效果如图3-35所示。

图 3-35

至此，完成拟物化图标的制作。

学 习 心 得

听我讲 Listen to me

3.1 认识图层

图层面板是Photoshop工作空间中自由独立的一个面板。图层包含文字和图形等元素，可以对其进行缩放、更改颜色、设置样式、改变透明度等操作，并且图层与图层之间都是独立存在的。

在Photoshop中，几乎所有应用都是基于图层的，用于创建、编辑和管理图层以及图层样式。执行"窗口"|"图层"命令，弹出"图层"面板，如图3-36所示。

图 3-36

"图层"面板中主要选项的功能介绍如下。

● **菜单 ≡ 按钮**：单击该图标，可以打开"图层"面板的设置菜单。

● **图层过滤选项**：位于"图层"面板的顶部，使用新的过滤选项可以帮助用户快速地在复杂文档中找到关键层。可以基于名称、效果、模式、属性或颜色标签图层的子集。

● **图层的混合模式**：用于选择图层的混合模式。

● **图层不透明度** 不透明度: 100% ∨ ：用于设置当前图层的不透明度。

● **图层锁定** 锁定: ⊠ ✓ ✢ ⊡ 🔒 ：用于对图层进行不同的锁定，包括锁定透明像素 ⊠、锁定图像像素 ✓、锁定位置 ✢、防止在画板内外自动嵌套 ⊡ 和锁定全部 🔒。

● **图层填充不透明度** 填充: 100% ∨ ：可以在当前图层中调整某个区域的不透明度。

● **指示图层可见性** ◉ ：用于控制图层显示或者隐藏，不能编辑在隐藏状态下的图层。

● **图层缩览图**：指图层图像的缩小图，方便确定调整的图层。

● **图层名称**：用于定义图层的名称，若想更改图层名称，只需双击要重命名的图层，输入名称即可。

● **图层按钮组** ∞ ⨍ ▣ ◑ ▢ ◲ 🗑 ：图层面板底端的7个按钮分别是链接图层 ∞、添加图层样式 ⨍、添加图层蒙版 ▣、创建新的填充或调整图层 ◑、创建新组 ▢、创建新图层 ◲ 和删除图层 🗑，它们是图层操作中常用的命令。

3.2 图层的基本操作 ///

对图像的创作和编辑离不开图层，因此对图层的基本操作必须熟练掌握。在 Photoshop CC中，图层的操作包括新建、删除、复制、合并、重命名以及调整图层叠放顺序等。

3.2.1 新建图层

默认状态下，打开或新建的文件只有背景图层。常用的新建图层方法有以下几种。

- 执行"图层"|"新建"|"图层"命令，弹出"新建图层"对话框，单击"确定"按钮。
- 按Shift+Ctrl+N组合键，弹出"新建图层"对话框，单击"确定"按钮，如图3-37所示。
- 在"图层"面板中，单击"创建新图层" ▫ 按钮，即可在当前图层上面新建一个图层，新建的图层会自动成为当前图层，如图3-38所示。

图 3-37 　　　　　　　　　　　　　　　　　　图 3-38

3.2.2 选择图层

在对图像进行编辑之前，要选择相应图层作为当前工作图层，选择图层的方法主要分为两种，一是在图层面板上选择，二是使用选择工具。

1.图层面板

- 将鼠标指针移动到"图层"面板上，当指针变为↓形状时单击需要选择的图层。
- 单击第一个图层的同时按住Shift键单击最后一个图层，即可选择两个图层之间的所有图层，如图3-39所示。
- 按住Ctrl键的同时单击需要选择的图层，可以选择非连续的多个图层，如图3-40所示。

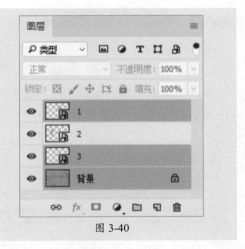

图 3-39 图 3-40

💬 **技巧点拨**

　　在选择多个图层后，按Ctrl键单击取消选择某个图层；若直接单击该图层，则取消多个图层只选中单击的图层。

2. 使用选择工具

- 在属性栏中勾选"自动选择图层" ☑自动选择：图层▾复选框，然后在图像上单击即可选中图层。
- 按住Shift键单击需要选择的图像即可选中相对应的图层。
- 在需要选择的图像上进行框选，即可选中相对应的图层，如图3-41、图3-42所示。

图 3-41 图 3-42

知识链接　　使用选择工具框选图像时，无法选中未解锁的背景图层。

3.2.3　复制与删除图层

复制图层操作在编辑图像的过程中经常会用到，根据实际需要可以在同一个图像中复制图层，也可以在不同的图像间复制图层。常用的复制图层方法有以下几种。

- 选择需要复制的图层，将其拖动到"创建新图层"按钮上复制图层。
- 按Ctrl+J组合键复制图层。
- 选中需要复制的图像，按住Alt键，当鼠标指针变为 形状时右击鼠标并拖动，如图3-43、图3-44所示。

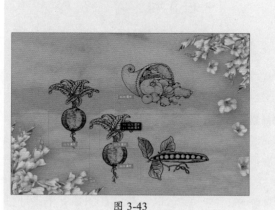

图 3-43　　　　　　　　　　　　　　图 3-44

为了减少图像文件占用的磁盘空间，在编辑图像时，通常会将不再使用的图层删除。常用的删除图层方法有以下几种。

- 选择要删除的图层，单击"删除图层"按钮 。
- 选择要删除的图层，将其拖动到"删除图层"按钮 上，如图3-45、图3-46所示。
- 按Delete键删除图层。

图 3-45　　　　　　　　　　　　　　图 3-46

3.2.4　重命名图层

　　若要修改图层的名称，只需在图层名称上双击鼠标，出现文本框呈可编辑状态，如图3-47所示，此时输入新的图层名称，按Enter键确认即可重命名该图层，如图3-48所示。

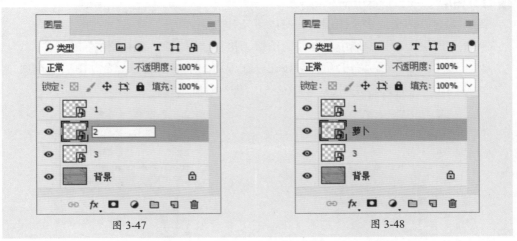

图 3-47　　　　　　　　　　　　　　　　　图 3-48

3.2.5　调整图层顺序

　　图像并不仅仅只有一个图层，而图层的叠放顺序会直接影响图像的合成结果，因此，常常需要调整图层的叠放顺序，来达到设计的要求。

　　在"图层"面板上选择要移动的图层，执行"图层"|"排列"命令，从子菜单中选取相应的命令，选定图层被移动到指定的位置上。或者直接在"图层"面板中单击选择需要调整位置的图层，将其拖动到目标位置，出现黑色双线时释放鼠标即可，如图3-49、图3-50所示。

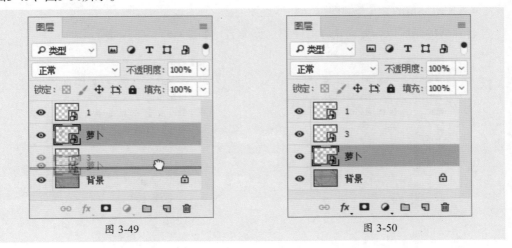

图 3-49　　　　　　　　　　　　　　　　　图 3-50

3.2.6 合并与盖印图层

在编辑过程中，为了缩减文件所占的内存，经常会将几个图层进行合并编辑。用户可根据需要对图层进行合并，从而减少图层的数量以便操作。

1. 合并图层

当需要合并两个或多个图层时，有以下几种方法。

- 在"图层"面板中选中要合并的图层，执行"图层"|"合并图层"命令。
- 单击"图层"面板右上角的 ▤ 按钮，在弹出的菜单中选择"合并图层"选项。
- 按Ctrl+E组合键合并图层，如图3-51、图3-52所示。

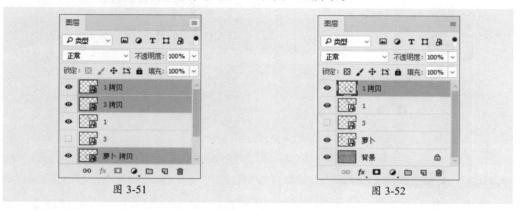

图 3-51   图 3-52

2. 合并可见图层

合并可见图层就是将图层中可见的图层合并到一个图层中，而隐藏的图像则保持不动。合并可见图层有以下几种方法。

- 执行"图层"|"合并可见图层"命令。
- 在"图层"面板中单击菜单按钮，在弹出的菜单中选择"合并可见图层"选项。
- 按Ctrl+Shift+E组合键即可合并可见图层。

合并后的图层以合并前选择的图层名称命名，如图3-53、图3-54所示。

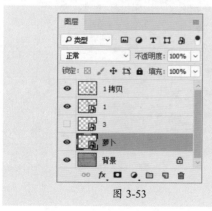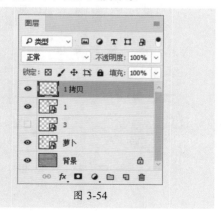

图 3-53   图 3-54

3. 拼合图像

拼合图像就是将所有可见图层进行合并，而丢弃隐藏的图层。执行"图层"|"拼合图像"命令，将所有处于显示状态的图层合并到背景图层中。若有隐藏的图层，在拼合图像时会弹出提示对话框，询问是否要扔掉隐藏的图层，单击"确定"按钮即可，如图3-55、图3-56所示。

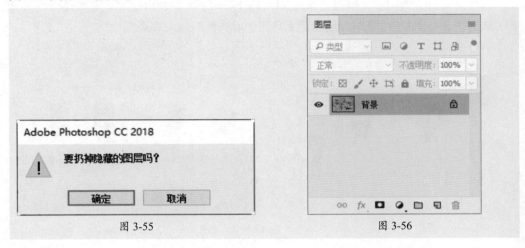

图 3-55　　　　　　　　　　　　　　图 3-56

4. 盖印图层

盖印图层是一种合并图层的特殊方法，可以将多个图层的内容合并到一个新的图层中，同时保持原始图层的内容不变。一般情况下，选择位于"图层"面板最顶层的图层并按Ctrl+Alt+Shift+E组合键即可，如图3-57、图3-58所示。

图 3-57　　　　　　　　　　　　　　图 3-58

　　盖印图层只可盖印可见图层。

3.2.7　对齐与分布图层

在图像的编辑过程中，常常需要将多个图层进行对齐或分布排列。对齐图层是指将两个或两个以上的图层按一定规律进行对齐排列，以当前图层或选区为基础，在相应方向上对齐。

选中需要对齐的图层，执行"图层"|"对齐"命令，在弹出的菜单中选择相应的对齐方式即可，如图3-59、图3-60所示为垂直居中对齐前后效果对比。

图 3-59　　　　　　　　　　　　　　　图 3-60

分布图层是指将3个以上的图层按一定规律在图像窗口中进行分布。在"图层"面板中选择图层后执行"图层"|"分布"命令，在菜单中选择相应的分布方式即可。如图3-61、3-62所示为水平居中对齐前后效果对比。

图 3-61　　　　　　　　　　　　　　　图 3-62

知识链接　　　　除了执行对齐与分布命令，还可以使用按钮快速对齐和分布图像。方法是使用移动工具框选目标图像，在属性栏中便显示对齐按钮组 � ▪ ▪ ▪ ▪ 与分布按钮组 ▪ ▪ ▪ ▪ ▪ ▪ ，单击相应的按钮即可快速应用。

3.2.8　锁定与链接图层

在"图层"面板中可以对图层进行不同的锁定，包括锁定透明像素 ⊠、锁定图像像素 ✎、锁定位置 ✦、防止在画板内外自动嵌套 ▣ 和锁定全部 🔒，如图3-63所示为锁定多个图层。若要解锁图层，只需再次单击锁定按钮 🔒 即可。

图层的链接是指将多个图层链接在一起，链接后可同时对已链接的多个图层进行移动、变换和复制等操作。在"图层"面板中至少选择两个图层，单击"链接图层" ∞ 按钮即可，如图3-64所示。若要取消图层链接，只需再次单击"链接图层" ∞ 按钮即可。

图 3-63

图 3-64

知识链接　按住Shift键，单击链接图层右侧的链接图标，在链接图标上出现一个红X ⌧ 按钮，表示当前图层的链接被禁用。按住Shift键，再次单击链接图标可重新启用链接。

3.3　图层样式

在Photoshop中，除了可以对图层执行一些基本操作外，还可以对其进行更详细的设置操作，如设置图层混合模式、图层的不透明度以及图层样式等。

3.3.1　图层的混合模式

在"图层"面板中，选择不同的混合模式将会得到不同的效果。

● **正常：**该模式为默认的混合模式，使用此模式时，图层之间不会发生相互作用，如图3-65所示。

● **溶解：**在图层完全不透明的情况下，"溶解"模式与"正常"模式所得到的效果是相同的。若降低图层的不透明度时，图层像素不是逐渐透明化，而是某些像素透明，其他像素则完全不透明，从而得到颗粒化效果，如图3-66所示。

图 3-65   图 3-66

● **变暗**：该模式的应用将会产生新的颜色，即它对上下两个图层相对应像素的颜色值进行比较，取较小值作为自己各个通道的值，因此叠加后图像效果整体变暗，如图3-67所示。

● **正片叠底**：该模式可用于添加阴影和细节，而不会完全消除下方图层阴影区域的颜色。任何颜色与黑色混合时仍为黑色，与白色混合时没有变化，如图3-68所示。

图 3-67   图 3-68

● **颜色加深**：该模式主要用于创建非常暗的阴影效果，如图3-69所示。

● **线性加深**：该模式加暗所有通道的基色，并通过提高其他颜色的亮度来反映混合颜色，与白色混合时没有变化，如图3-70所示。

图 3-69   图 3-70

- **深色**：使用该模式将比较混合色和基色的所有通道值的总和并显示值较小的颜色。正是由于它从基色和混合色中选择最小的通道值来创建结果颜色，因此该模式的应用不会产生第三种颜色，如图3-71所示。
- **变亮**：该模式与"变暗"模式相反，混合结果为图层中较亮的颜色，如图3-72所示。

图 3-71

图 3-72

- **滤色**：该模式的应用，即将上方图层像素的互补色与底色相乘，因此结果颜色比原有颜色更浅，具有漂白的效果，如图3-73所示。
- **颜色减淡**：该模式的应用可以生成非常亮的合成效果，但是与黑色像素混合时无变化。其计算方法是查看每个颜色通道的颜色信息，通过增加其对比度而使颜色变亮，如图3-74所示。

图 3-73

图 3-74

- **线性减淡（添加）**：应用该模式将查看每个颜色通道的信息，通过降低其亮度来使颜色变亮，但与黑色混合时无变化，如图3-75所示。
- **浅色**：比较混合色和基色的所有通道值的总和并显示值较大的颜色。"浅色"不会生成第三种颜色，因为它将从基色和混合色中选取最大的通道值来创建结果色，如图3-76所示。

| 图 3-75 | 图 3-76 |

- **叠加**：该模式的应用将对各图层颜色进行叠加，保留底色的高光和阴影部分，底色不被取代，而是和上方图层混合来体现原图的亮度和暗部，如图3-77所示。
- **柔光**：该模式的应用将根据上方图层的明暗程度决定最终的效果是变亮还是变暗。当上方图层颜色比50%灰色亮时，图像变亮，相当于减淡；当上方图层颜色比50%灰色暗时，图像变暗，相当于加深，如图3-78所示。

| 图 3-77 | 图 3-78 |

- **强光**：该模式与"柔光"模式的应用效果类似，但其加亮与变暗的程度比"柔光"模式强很多，如图3-79所示。
- **亮光**：该模式的应用将通过增加或降低对比度来加深和减淡颜色。如果上方图层颜色比50%的灰度亮，则图像通过降低对比度来减淡，反之图像被加深，如图3-80所示。

| 图 3-79 | 图 3-80 |

● **线性光：** 该模式的应用将根据上方图层颜色增加或降低亮度来加深或减淡颜色。若上方图层颜色比50%的灰度亮，则图像增加亮度，反之图像变暗，如图3-81所示。

● **点光：** 该模式的应用将根据颜色亮度，决定上方图层颜色是否替换下方图层颜色。若上方图层颜色比50%的灰度高，则上方图层的颜色被下方图层的颜色替代，否则保持不变，如图3-82所示。

图 3-81

图 3-82

● **实色混合：** 应用该模式将使两个图层叠加后具有很强的硬性边缘，如图3-83所示。

● **差值：** 该模式的应用将使上方图层颜色与底色的亮度值互减，取值时以亮度较高的颜色减去亮度较低的颜色。较暗的像素被较亮的像素取代，而较亮的像素不变，如图3-84所示。

图 3-83

图 3-84

● **排除：** 该模式的应用效果与差值模式相类似，但图像效果会更加柔和，如图3-85所示。

● **减去：** 该模式的应用将当前图层与下面图层中的图像色彩进行相减，将相减结果呈现出来。在8位和16位的图像中，如果相减的色彩结果是负值，则颜色值为0，如图3-86所示。

图 3-85 图 3-86

- **划分**：该模式的应用将上一层的图像色彩以下一层的颜色为基准进行划分，效果如图3-87所示。
- **色相**：该模式的应用将采用底色的亮度、饱和度以及上方图层中图像的色相作为结果色。混合色的亮度及饱和度与底色相同，但色相则由上方图层的颜色决定，如图3-88所示。

图 3-87 图 3-88

- **饱和度**：该模式的应用将采用底色的亮度、色相以及上方图层中图像的饱和度作为结果色。混合后的色相及明度与底色相同，但饱和度由上方图层图像决定。若上方图层中图像的饱和度为零，则原图就没有变化，如图3-89所示。
- **颜色**：该模式的应用将采用底色的亮度以及上方图层中图像的色相和饱和度作为结果色。混合后的明度与底色相同，颜色由上方图层图像决定，如图3-90所示。

图 3-89 图 3-90

● **明度:** 该模式的应用将采用底色的色相饱和度以及上方图层中图像的亮度作为结果色。此模式与颜色模式相反,即其色相和饱和度由底色决定,如图3-91所示。

图 3-91

3.3.2 不透明度的设置

在"图层"面板中,"不透明度"和"填充"两个选项都可用于设置图层的不透明度,但其作用范围是有区别的。

在默认状态下,图层的不透明度为100%,即完全不透明。如果降低图层的不透明度后,就可以透过该图层看到其下面图层上的图像,如图3-92、图3-93所示。

图 3-92

图 3-93

"填充"只用于设置图层的内部填充颜色,绘制形状填充白色,描边为蓝色,将"填充"值更改为0%,如图3-94、图3-95所示。对添加到图层的外部效果(如投影)不起作用。

图 3-94

图 3-95

3.3.3 图层样式的应用

图层样式是Photoshop软件一个重要的功能，利用图层样式功能，可以简单快捷地为图像添加投影、内阴影、内发光、外发光、斜面和浮雕、光泽、渐变等效果。常用的设置图层样式方法有以下几种。

- 执行"图层"|"图层样式"命令，在弹出的菜单中选择目标样式。
- 双击需要添加图层样式的图层缩览图。
- 单击"图层"面板底部的"添加图层样式"按钮，从弹出的菜单中选择任一样式。

使用以上三种方法都可以打开"图层样式"对话框，该对话框中主要选项的功能介绍如下。

1. 样式

放置预设的图层样式，选中即可应用，如图3-96所示。

2. 混合选项

"混合选项"分为"常规混合""高级混合"和"混合颜色带"，如图3-97所示。"高级混合"中的主要选项的功能介绍如下。

- 将内部效果混合成组(I)：选中该复选框，可用于控制添加内发光、光泽、颜色叠加、图案叠加、渐变叠加图层样式的图层的挖空效果。
- 将剪贴图层混合成组(P)：选中该复选框，将只对裁切组图层执行挖空效果。
- 透明形状图层(T)：当添加图层样式的图层中有透明区域时，若选中该复选框，则透明区域相当于蒙版。生成的效果若延伸到透明区域，则将被遮盖。
- 图层蒙版隐藏效果(S)：当添加图层样式的图层中有图层蒙版时，若选中该复选框，则生成的效果若延伸到蒙版区域，将被遮盖。
- 矢量蒙版隐藏效果(H)：当添加图层样式的图层中有矢量蒙版时，若选中该复选框，则生成的效果若延伸到矢量蒙版区域，将被遮盖。

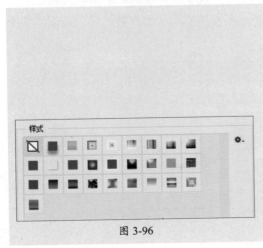

图 3-96

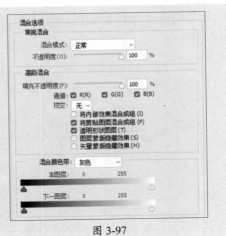

图 3-97

3. 斜面和浮雕

在图层中使用"斜面和浮雕"样式，可以添加不同组合方式的浮雕效果，从而增加图像的立体感。

- 斜面和浮雕：用于增加图像边缘的明暗度，并可以增加投影来使图像产生不同的立体感，如图3-98所示。
- 等高线：在浮雕中创建凹凸起伏的效果，如图3-99所示。
- 纹理：在浮雕中创建不同的纹理效果，如图3-100所示。

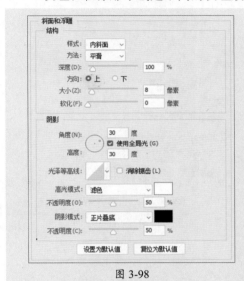

图 3-98

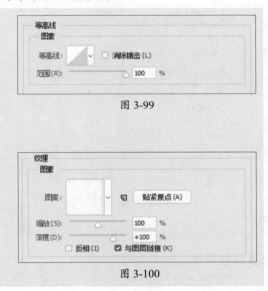

图 3-99

图 3-100

4. 描边

使用颜色、渐变以及图案来描绘图像的轮廓边缘，如图3-101所示。

5. 内阴影

在紧靠图层内容的边缘向内添加阴影，使图层呈现凹陷的效果，如图3-102所示。

图 3-101

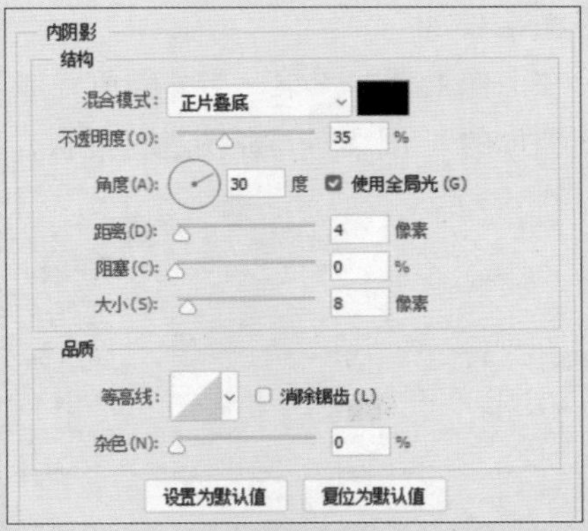

图 3-102

6. 内发光

沿图层内容的边缘向内创建发光效果，使对象出现些许"凸起感"，如图3-103所示。

7. 光泽

为图像添加光滑的具有光泽的内部阴影，通常用来制作具有光泽质感的按钮和金属，如图3-104所示。

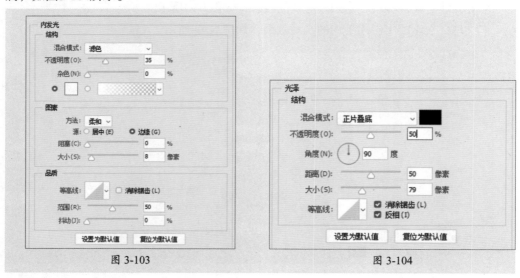

图 3-103   图 3-104

8. 颜色叠加

在图像上叠加指定的颜色，可以通过混合模式的修改来调整图像与颜色的混合效果，如图3-105所示。

9. 渐变叠加

在图像上叠加指定的渐变色，不仅能制作出带有多种颜色的对象，更能通过巧妙的渐变颜色设置制作出凸起、凹陷等三维效果以及带有反光质感的效果，如图3-106所示。

10. 图案叠加

在图像上叠加图案，与"颜色叠加"和"渐变叠加"相同，可以通过混合模式的设置使叠加的"图案"与原图进行混合，如图3-107所示。

图 3-105   图 3-106   图 3-107

11. 外发光

沿图层内容的边缘向外创建发光效果，主要用于制作自发光效果以及人像或其他对象梦幻般的光晕效果，如图3-108所示。

12. 投影

用于模拟物体受光后的投影效果，以增强图像某部分的层次感与立体感。常用于突显文字，如图3-109所示。

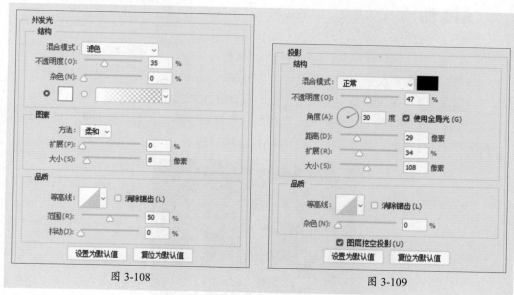

图 3-108

图 3-109

读 书 笔 记

自己练／月饼盒包装设计

案例路径 云盘＼实例文件＼第3章＼自己练＼月饼盒包装设计

项目背景 江苏吉祥食品厂是一家做传统糕点的食品加工厂，在中秋节来临之际，准备为月饼的包装盒重新进行包装设计。

项目要求 ①红色为主色，黄色为辅色，添加传统元素，例如嫦娥、龙、传统花纹。

②设计规格为16cm×4cm×16cm。

③需展示平面和纸盒的立体效果。

项目分析 月饼包装盒主要就是正面的设计，作为第一视觉面，可以使用传统的红色为主色，搭配一些中秋元素，这里选择嫦娥奔月。盒子其他面则可以用简单的花纹进行装饰。参考效果如图3-110和图3-111所示。

图 3-110

图 3-111

课时安排 2课时。

第4章

设计宣传海报
——文本详解

本章概述

　　文本的应用在Photoshop中是最基本的，也是最常见的。它是一种由像素组成的特殊的图像结构。本章将对Photoshop中文本应用的知识进行讲解。通过本章的学习，掌握文本的创建与编辑操作。

要点难点

- 创建文本 ★★☆
- 字符/段落面板 ★★☆
- 变形文字 ★★☆
- 文字与工作路径的转换 ★★☆

跟我学 制作宣传海报 ///

学习目标 通过本实操案例，初步了解可选颜色与曲线的调整方法；学习文字工具的使用，熟悉字符、段落的设置方法，掌握如何处理置入图像素材与设计海报的整体适配度。

案例路径 云盘 \ 实例文件 \ 第4章 \ 跟我学 \ 制作宣传海报

步骤 01 执行"文件"|"新建"命令，在弹出的"新建文档"对话框中设置参数，单击"创建"按钮即可，如图4-1所示。

步骤 02 执行"文件"|"置入嵌入对象"命令，置入素材文件并调整其大小，如图4-2所示。

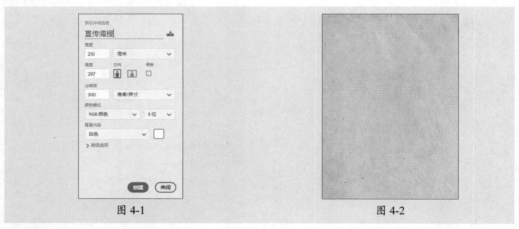

图 4-1   图 4-2

步骤 03 单击面板底部的"创建新的填充或调整图层"按钮，在弹出的菜单中选择"可选颜色"选项，在打开的"属性"面板中设置"黄色"参数，如图4-3、图4-4所示。

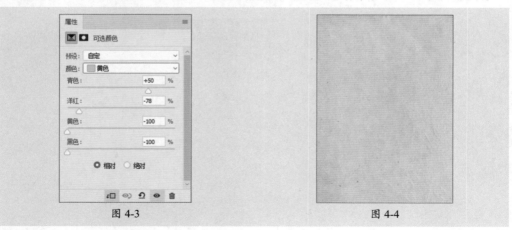

图 4-3   图 4-4

步骤 04 执行"文件"|"置入嵌入对象"命令，置入素材文件并调整其大小，如图4-5所示。

步骤 05 单击面板底部的"创建新的填充或调整图层"按钮，在弹出的菜单中选择"曲线"选项，在打开的"属性"面板中设置参数，如图4-6所示。

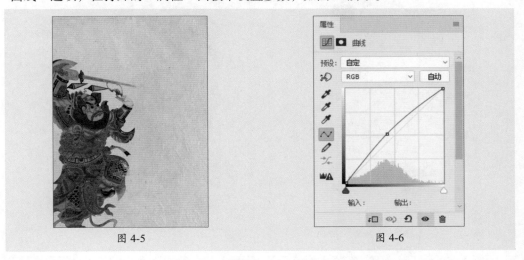

图 4-5   图 4-6

步骤 06 按Ctrl+Alt+G组合键创建剪贴蒙版，如图4-7、图4-8所示。

图 4-7   图 4-8

知识链接　　　　直接创建调整图层，效果作用于全部图层；若创建剪贴蒙版，效果则只作用于基底图层[①]。

───────────────

① 关于剪贴蒙版的知识，详情见 8.3.4 节剪贴蒙版。

步骤 **07** 双击该图层，在弹出的"图层样式"对话框中设置参数，如图4-9、图4-10所示。

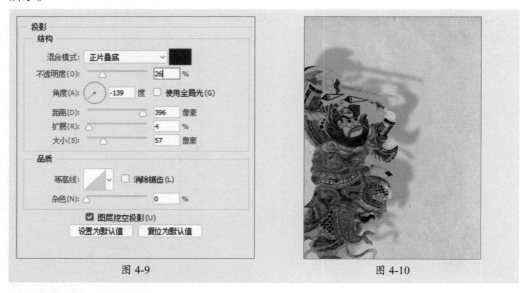

图 4-9　　　　　　　　　　　　　　　　図 4-10

知识链接　　　　在设置投影距离时，可在图像编辑窗口中直接拖动阴影进行快速调整。

步骤 **08** 选择"矩形工具"绘制矩形，在属性栏中设置填充为无，描边为10像素，颜色为深棕色（R：72、G：48、B：2），将该形状图层移至图层1上方，如图4-11、图4-12所示。

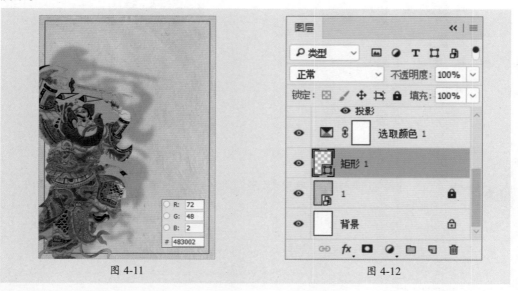

图 4-11　　　　　　　　　　　　　　　　图 4-12

步骤 09 用鼠标单击面板中最顶层的图层，选择"直排文字工具" IT 输入文字"皮影戏"，在"字符"面板中设置颜色为深红色（R：72、G：48、B：2），字号为130点，如图4-13所示，将文字移动至右上方，如图4-14所示。

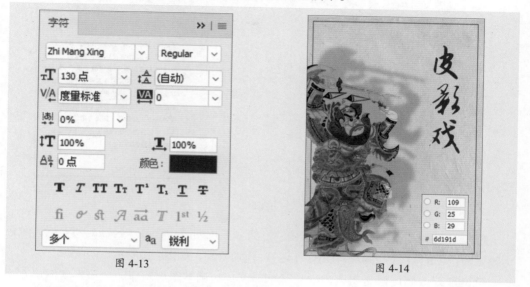

图 4-13

图 4-14

步骤 10 选择"横排文字工具" T 拖动绘制文本框，如图4-15所示。

步骤 11 打开素材文档"皮影戏段落文字"，全选复制文字内容。在属性栏中设置字体为"摄图摩登小方体"，字号为12点，按Ctrl+V组合键粘贴至文本框中，如图4-16所示。

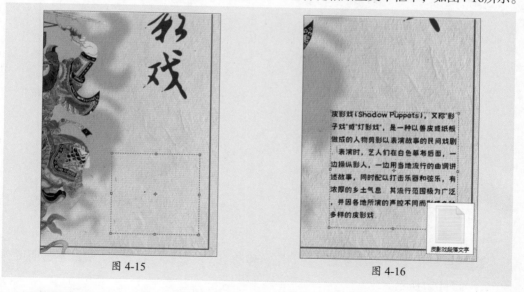

图 4-15

图 4-16

步骤 12 按住Ctrl+A组合键全选文字，在"段落"面板中将"避头尾法则设置"更改为"JIS严格"，如图4-17所示，文字效果如图4-18所示。

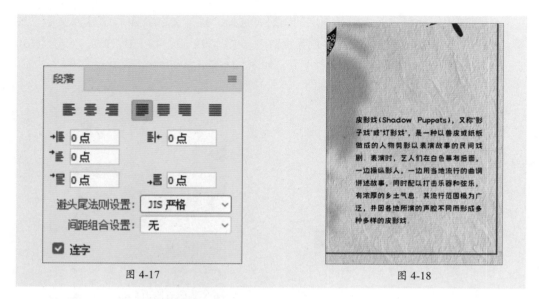

图 4-17   图 4-18

步骤 13 选择"自定形状工具"，在"形状"下拉列表中选择"污渍7" 形状: ✦ ＊ ，颜色为投影颜色（R：193、G：177、B：146），拖动绘制，如图4-19所示。

步骤 14 更改图层不透明度为30% 不透明度: 30% ✦ ，调整图层顺序，使该形状图层在文字图层下方，如图4-20所示。

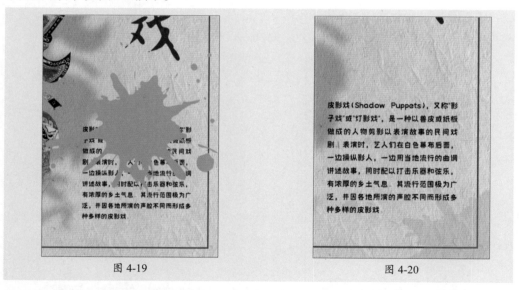

图 4-19   图 4-20

步骤 15 按住Alt键移动复制形状图层，移动至"皮影戏"右上方，更改不透明度为40%，如图4-21所示。

步骤 16 选择"直排文字工具"，输入文字"中国非物质文化遗产代表作"，如图4-22所示。

图 4-21   图 4-22

步骤 17 选中文字，在"字符"面板中更改字体、字号以及字距，如图4-23、图4-24
所示。

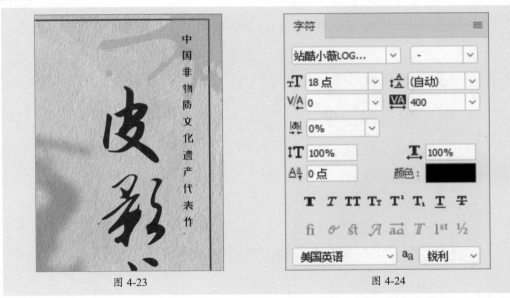

图 4-23   图 4-24

步骤 18 选择"横排文字工具"，在页面顶部输入文字"中国印象"，在"字符"面
板中更改字号为24点，字距为800，如图4-25、图4-26所示。

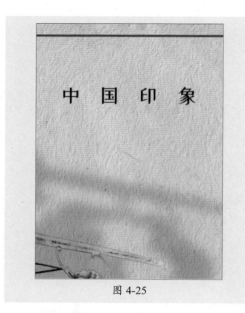

图 4-25

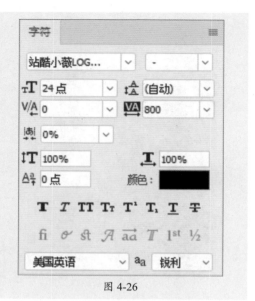

图 4-26

步骤19 按住Shift+Alt组合键复制"中国印象"，如图4-27所示。

步骤20 更改文字为"经典传承"，最终效果如图4-28所示。

图 4-27

图 4-28

至此，完成宣传海报的制作。

学　习　心　得

4.1 创建文本

任何设计中都会出现文字这一元素，文字不仅具有说明性，还可以美化图片，增加图片的完整性。在工具箱中用鼠标右击"横排文字工具" **T**，在弹出的子菜单中可更改选择直排文字工具、横排文字蒙版工具和直排文字蒙版工具，如图4-29所示。

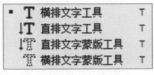

图 4-29

选择文字工具后，在属性栏中会显示该工具的属性参数，如图4-30所示。

图 4-30

知识链接　　　"横排文字工具" **T** 是最基本的文字类工具之一，用于一般横排文字的处理，输入方式从左至右；"直排文字工具" **IT** 用于直排式排列方式，输入方向由上至下；利用"直排文字蒙版工具" **IT** 可创建出竖排的文字选区，使用该工具时图像上会出现一层红色蒙版；"横排文字蒙版工具" **T** 与"直排文字蒙版工具" **IT** 效果一样，只是创建的是横排文字选区。

4.1.1 创建点文字

点文字是一个水平或垂直的文本行，每行文字都是独立的。行的长度随着文字的输入而不断增加，不会自动换行，需按Enter键进行换行，如图4-31、图4-32所示。

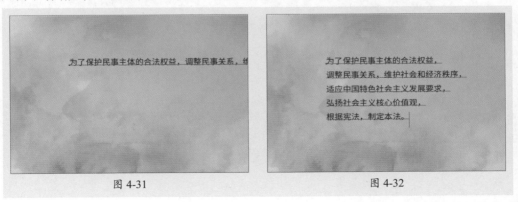

图 4-31　　　　　　　　　　　　　　　图 4-32

知识链接　　　如果需要调整创建好的文本的排列方式，则可以单击文本工具选项栏中的"切换文本取向"按钮Ⅰ，或执行"文字"｜"文本排列方向"｜"横排/竖排"命令，如图4-33、图4-34所示。

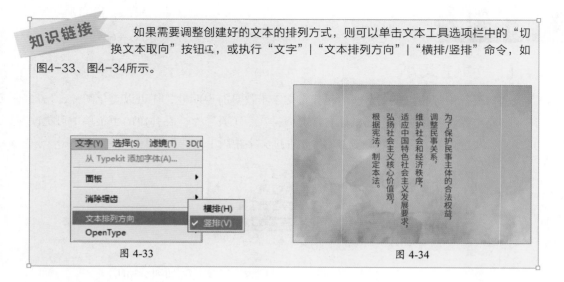

图 4-33　　　　　　　　　　　　　　　　　图 4-34

4.1.2　创建段落文字

　　若需要输入的文字内容较多，可通过创建段落文字的方式来进行文字输入，以便对文字进行管理并对格式进行设置。

　　选择"文字工具"，将鼠标指针移动到图像窗口中，当鼠标指针变成插入符号Ⅰ时，按住鼠标左键不松，拖动鼠标，此时在图像窗口中会拉出一个文本框。文本插入点会自动插入到文本框前端，然后在文本框中输入文字，当文字到达文本框的边界时会自动换行。如果文字需要分段，按Enter键即可，如图4-35、图4-36所示。

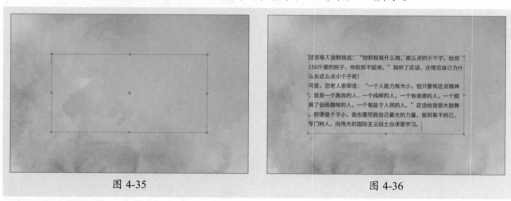

图 4-35　　　　　　　　　　　　　　　　　图 4-36

知识链接　　　若开始绘制的文本框较小，会导致输入的文字内容不能完全显示在文本框中，此时文本框右下角显示溢流文本 ⊞ 符号。将鼠标指针移动到文本框四周的控制点上拖动鼠标调整文本框大小，可使文字全部显示在文本框中。

4.1.3 创建文字选区

文字选区即沿文字边缘创建的选区，选择"直排文字蒙版工具" IT 或"横排文字蒙版工具" T 可以创建文字选区，也可以为其填充颜色，如图4-37、图4-38所示。使用文字蒙版工具创建选区时，"图层"面板中不会生成文字图层，因此输入文字后，不能再编辑该文字内容。

图 4-37   图 4-38

💬 **技巧点拨**

使用文字蒙版工具输入文字，按住Ctrl键出现调整控制框，调整控制框便可自由变换文字蒙版选区的位置与大小。

4.1.4 创建沿路径绕排文字

沿路径绕排文字就是让文字跟随某一条路径的轮廓形状进行排列，有效地将文字和路径结合，在很大程度上扩充了文字的视觉效果。选择钢笔工具或形状工具，在属性栏中选择"路径"选项，在图像中绘制路径，然后使用文本工具，将鼠标指针移至路径上方，当鼠标指针变为I形状时，在路径上单击鼠标，此时光标会自动吸附到路径上，即可输入文字，如图4-39、图4-40所示。

图 4-39   图 4-40

4.2 字符/段落面板

在Photoshop CC中有两个关于文本的面板，一个是字符，一个是段落。在这两个面板中可以设置字体的类型、大小、字距、基线移动以及颜色等属性，让文字更贴合画面。

4.2.1 "字符"面板

执行"窗口"|"字符"命令，或在属性栏中单击"切换字符和段落面板"按钮，即可弹出"字符"面板，如图4-41所示。

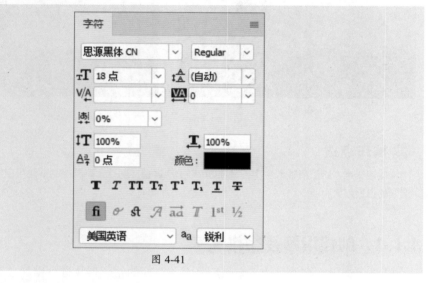

图 4-41

"字符"面板中主要选项的功能介绍如下。

- **字体大小**：在该下拉列表框中选择预设数值，或者输入自定义数值即可更改字符大小。
- **设置行距**：设置输入文字行与行之间的距离。
- **字距微调**：设置两个字符之间的微调字距。在设置时将光标插入两个字符之间，在数值框中输入所需的字距微调数量。输入正值时，字距扩大；输入负值时，字距缩小。
- **字距调整**：设置文字的字符间距。输入正值时，字距扩大；输入负值时，字距缩小。
- **比例间距**：设置文字字符间的比例间距，数值越大则字距越小。
- **垂直缩放**：设置文字垂直方向上的缩放大小，即调整文字的高度。
- **水平缩放**：设置文字水平方向上的缩放大小，即调整文字的宽度。
- **基线偏移**：设置文字与文字基线之间的距离。输入正值时，文字会上移；输入负值时，文字会下移。

- **颜色**：单击色块，在弹出的拾色器中选取字符颜色。
- **文字效果按钮组** T T TT Tr T¹ T₁ T̲ T̶：设置文字的效果，依次是仿粗体、仿斜体、全部大写字母、小型大写字母、上标、下标、下画线和删除线。
- **Open Type功能组** fi 𝒪 st 𝒜 aᵈ T 1ˢᵗ ½：依次是标准连字、上下文替代字、自由连字、花饰字、替代样式、标题代替字、序数字、分数字。
- **语言设置** 美国英语 ∨：设置文本连字符和拼写的语言类型。
- **设置消除锯齿的方法** ªₐ 锐利 ∨：设置消除文字锯齿的模式。

4.2.2 "段落"面板

设置段落格式包括设置文字的对齐方式和缩进方式等，不同的段落格式具有不同的文字效果。执行"窗口"|"字符"命令，或在属性栏中单击"切换字符和段落面板"按钮，即可弹出"段落"面板，如图4-42所示。

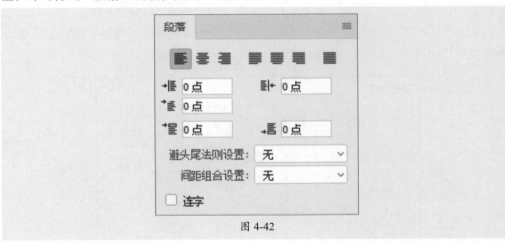

图 4-42

"段落"面板中主要选项的功能介绍如下。

- **对齐方式按钮组** ▤▤▤ ▤▤▤▤：从左到右依次为"左对齐文本""居中对齐文本""右对齐文本""最后一行左对齐""最后一行居中""最后一行右对齐""全部对齐"。
- **缩进方式按钮组**："左缩进"按钮 ⫷（段落的左边距离文字区域左边界的距离）、"右缩进"按钮 ⫸（段落的右边距离文字区域右边界的距离）、"首行缩进"按钮 ⫷（每一段的第一行留空或超前的距离）。
- **添加空格按钮组**："段前添加空格"按钮 ⫸（设置当前段落与上一段的距离）、"段后添加空格"按钮 ⫸（设置当前段落与下一段落的距离）。
- **避头尾法则设置**：避头尾字符是指不能出现在每行开头或结尾的字符。Photoshop

提供了基于标准JIS的宽松和严格的避头尾集，宽松的避头尾设置忽略了长元音和小平假名字符。

- **间距组合设置：** 用于设置内部字符集间距。
- **连字：** 勾选该复选框可将文字的最后一个英文单词拆开，形成连字符号，而剩余部分则自动换到下一行。

4.3　编辑文字图层

使用文字工具输入文字后，还可以对文字进行一些更为高级的编辑操作，例如变形文字、将文字转换为工作路径以及栅格化文字等。

4.3.1　变形文字

变形文字即对文字的水平形状和垂直形状做出调整，让文字效果更多样化。变形文字工具只针对整个文字图层而不能单独针对一个字体或者某些文字。

执行"文字"|"文字变形"命令或单击属性栏中的"创建文字变形"按钮 工，弹出"变形文字"对话框，如图4-43所示。

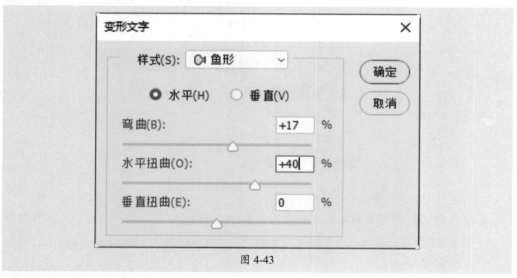

图 4-43

"变形文字"面板中主要选项的功能介绍如下。

- **样式：** 决定文本最终的变形效果，该下拉列表中包括各种变形的样式，选择不同的选项，文字的变形效果也各不相同。
- **水平或垂直：** 决定文本的变形是在水平方向还是在垂直方向上进行。
- **弯曲：** 设置文字的弯曲方向和弯曲程度（参数为0时无任何弯曲效果）。
- **水平扭曲：** 用于对文字应用透视变形，决定文本在水平方向上的扭曲程度。

● **垂直扭曲：** 用于对文字应用透视变形，决定文本在垂直方向上的扭曲程度。

如图4-44、图4-45所示分别为应用"鱼形"和"增加"变形的文字效果。

图 4-44

图 4-45

4.3.2 将文字转换为工作路径

在图像中输入文字后，选择文字图层，单击鼠标右键，从弹出的菜单中选择"创建工作路径"命令或执行"文字"|"创建工作路径"命令，即可将文字转换为文字形状的路径。

将文字转换为工作路径后，可以使用"路径选择工具"对文字路径进行移动，使用"直接选择工具"对文字路径进行调整，如图4-46、图4-47所示。

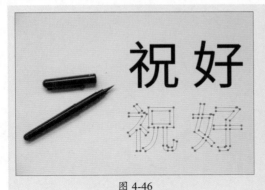

图 4-46

图 4-47

4.3.3 栅格化文字图层

文字图层是一种特殊的图层，它具有文字的特性，可对其文字大小、字体等进行修改，但是如果要在文字图层上绘制、应用滤镜等，则需要将文字图层转换为普通图层。文字的栅格化即是将文字图层转换成普通图层，栅格化后无法进行字体的更改。

选中文字图层后，有三种栅格化图层的方法。

● 执行"图层"|"栅格化"|"文字"命令。

- 执行"文字"|"栅格化文字图层"命令。
- 在图层名称上右击，在弹出的菜单中选择"栅格化文字"选项，如图4-48、图4-49所示。

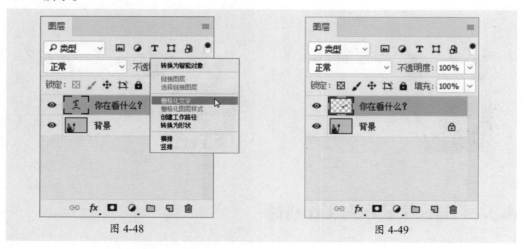

图 4-48   图 4-49

读 书 笔 记

自己练 / 设计宣传展架

案例路径 云盘＼实例文件＼第4章＼自己练＼设计宣传展架

项目背景 冰山矿泉的水源采自海拔6000米的玉竹峰弱碱性天然优质矿泉水。自从推出便受到消费者的喜爱。今年是推出该品牌的十周年，特为此设计感恩十年陪伴、回馈消费者活动的宣传展架，放在各个销售点和专卖店。

项目要求 ①主色调要求清新凉爽，版式简洁大方，活动信息清晰明了。

②设计规格为80mm×180mm。

项目分析 夏天是购买矿泉水的高峰期，所以主色调选用蓝色，主元素为冰山，清新凉爽。文字部分可选用白色。下方放置二维码，重要的文字可用红色表示。参考效果如图4-50所示。

图 4-50

课时安排 2课时。

第**5**章

制作网站首页
——绘制与修饰工具详解

本章概述

　　本章将对Photoshop的绘制与修饰工具的设置，以及后期的编辑应用进行详细讲解。通过本章的学习，掌握绘制工具的使用方法与应用技巧，以便更有效地处理图像。

要点难点

- ● 画笔工具组的应用　★★☆
- ● 橡皮擦工具的应用　★☆☆
- ● 历史记录画笔工具的应用　★★☆
- ● 渐变工具的应用　★★★

跟我学 制作网站首页 ////////////////////////////////////

学习目标 通过本实操案例，了解网页的尺寸设置以及网站首页的布局方式，学习如何使用绘图工具以及渐变工具制作图像效果。

案例路径 云盘 \ 实例文件 \ 第5章 \ 跟我学 \ 制作网站首页

步骤 01 执行"文件"|"新建"命令，在弹出的"新建文档"对话框中设置参数，如图5-1所示。

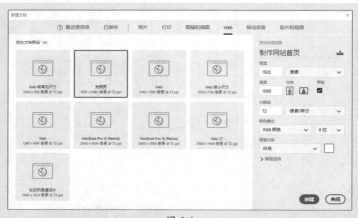

图 5-1

 使用Photoshop制作网页页面，可以在"新建文档"对话框中选择Web选项卡，单击已有预设，快速创建文档。

步骤 02 选择"矩形工具"绘制矩形，颜色为默认，如图5-2所示。

图 5-2

步骤 03 在属性栏中单击填充按钮，在下拉列表框中单击"渐变"按钮，创建深蓝（R：49、G：142、B：173）至蓝色（R：16、G：89、B：113）的径向渐变，如图5-3、图5-4所示。

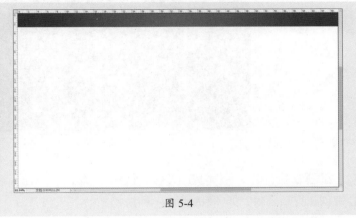

图 5-3   图 5-4

步骤 04 按住Alt键移动并复制矩形至最下方，如图5-5所示。

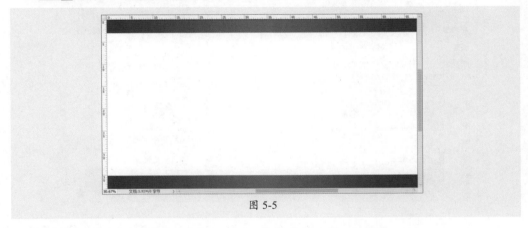

图 5-5

步骤 05 继续绘制矩形，使矩形之间的间距为0.1cm，如图5-6所示。

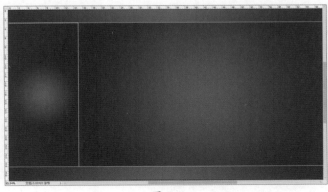

图 5-6

步骤 06 选择矩形2图层，更改渐变缩放值为 缩放: 200 ∨ %，如图5-7所示。

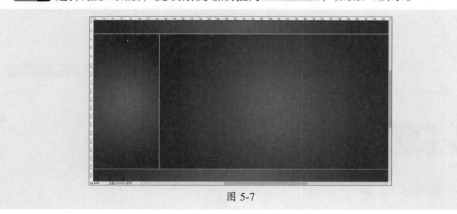

图 5-7

步骤 07 执行"文件"|"置入嵌入对象"命令，分别置入素材图像，按Ctrl+Alt+G组合键创建剪贴蒙版，如图5-8所示。

步骤 08 更改图层1的不透明度为25%，如图5-9所示。

图 5-8

图 5-9

步骤 09 效果如图5-10所示。

图 5-10

步骤 10 选择"横排文字工具"输入5组文字，在"字符"面板中设置字体、字号与字距，如图5-11、图5-12所示。

图 5-11   图 5-12

步骤 11 框选5组文字，在属性栏中单击"垂直居中对齐" ⊩ 按钮与"水平居中分布" ⫿ 按钮，并移动到相应位置，如图5-13所示。

图 5-13

步骤 12 选择"圆角矩形工具"绘制圆角矩形，颜色为白色，如图5-14所示。

图 5-14

步骤 **13** 双击该形状图层，在弹出的"图层样式"对话框中设置参数，如图5-15、图5-16所示。

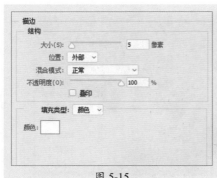
图 5-15

图 5-16

步骤 **14** 选择"矩形工具"绘制矩形，填充颜色（R：16、G：89、B：113），如图5-17所示。

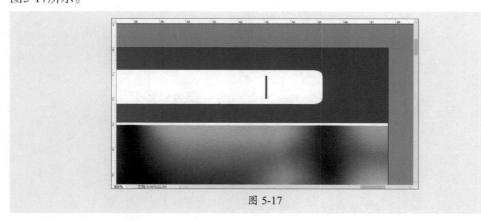
图 5-17

步骤 **15** 新建图层，选择"自定形状工具"，在属性栏中的"形状"下拉列表中选择"搜索"选项，拖动绘制，填充和步骤14相同的颜色，如图5-18所示。

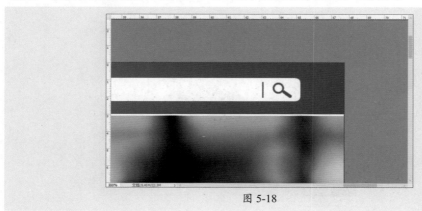
图 5-18

步骤 **16** 执行"文件"|"置入嵌入对象"命令，置入素材图像"logo"并放置在合适位置，如图5-19所示。

图 5-19

步骤 **17** 选择"横排文字工具"，输入文字"工作室最新动态"，在"字符"面板中设置字体、字号以及字距，如图5-20、图5-21所示。

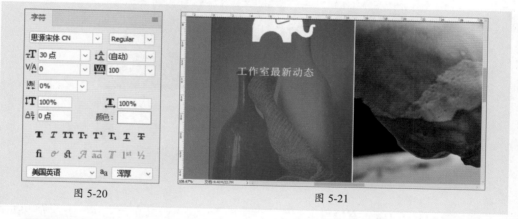

图 5-20   图 5-21

步骤 **18** 新建图层，选择"直线工具"，按住Shift键绘制直线，颜色为白色，粗细为3像素，如图5-22所示。

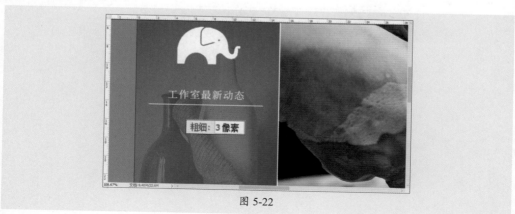

图 5-22

步骤 19 选择"矩形工具",按住Shift键绘制正方形,如图5-23所示。

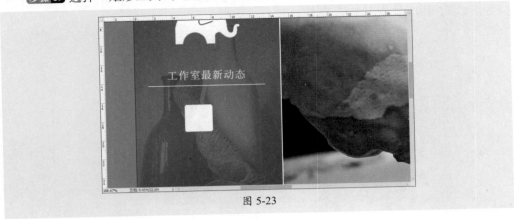

图 5-23

步骤 20 选择"路径选择工具",单击选择右上角锚点向左下方拖动形成三角形,在弹出的提示框单击"是"按钮即可,如图5-24所示。

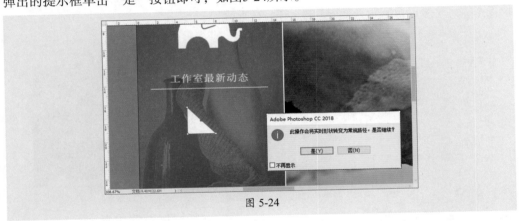

图 5-24

步骤 21 按住Ctrl+T组合键自由变换,在属性栏中设置旋转角度 ⊿ -135 度,按住Shift键等比例缩小并移至文字右方,如图5-25所示。

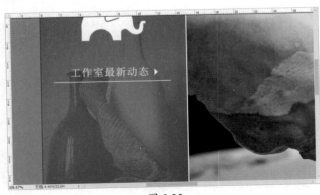

图 5-25

步骤 22 框选文字、直线和三角符号，借助智能参考线，按住Alt键移动并复制四组，如图5-26所示。

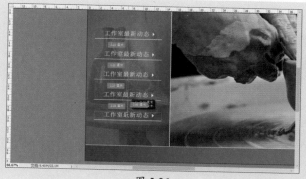

图 5-26

知识链接 绘制形状或创建选区或切片时，智能参考线会自动出现，可以帮助对齐形状、切片和选区。

步骤 23 更改文字内容，如图5-27所示。

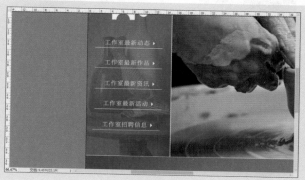

图 5-27

步骤 24 选中其中一组文字和三角形状，更改其大小和颜色，如图5-28所示。

图 5-28

步骤 25 选择"横排文字工具",输入文字"陶艺体验:当一天手艺人",在"字符"面板中设置字号、字距以及颜色(R: 16、G: 89、B: 113),如图5-29、图5-30所示。

图 5-29 图 5-30

步骤 26 选择"矩形工具"绘制矩形,填充白色,移动至文字图层下方,调整不透明度为55%,如图5-31所示。

图 5-31

步骤 27 选择"椭圆工具"按住Shift键绘制正圆(颜色为步骤25中文字的颜色),按住Alt键复制,将其中一个圆形的颜色更改为白色,如图5-32所示。

图 5-32

步骤 28 调整页面布局，将搜索框移至文字左侧，如图5-33所示。

图 5-33

步骤 29 选择logo图层，按住Ctrl+T组合键自由变换，按Shift键等比例缩小，移动至左上方，选择"横排文字工具"输入文字，如图5-34、图5-35所示。

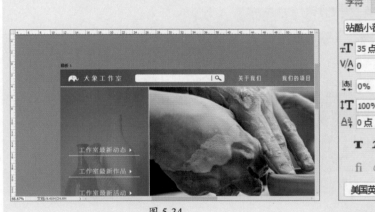

图 5-34

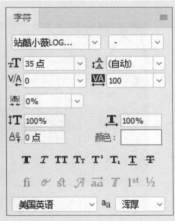

图 5-35

步骤 30 框选左侧文字组并向上移动，如图5-36所示。

图 5-36

步骤31 执行 "文件" | "置入嵌入对象" 命令，置入素材图像并放置在合适位置，如图5-37所示。

图 5-37

步骤32 选择 "横排文字工具"，输入文字 "您是第　位访客"，如图5-38、图5-39所示。

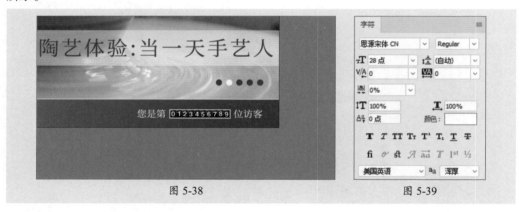

图 5-38　　　　　　　　　　　　　　　　　图 5-39

步骤33 最终效果如图5-40所示。

图 5-40

至此，完成网站首页的制作。

听我讲 ➤ Listen to me

5.1 画笔工具组

　　了解并掌握画笔工具组的功能与操作方法，并灵活地使用这些绘图工具，才能绘制出更好的图像效果。在工具箱中用鼠标右击"画笔工具" ✐，在弹出的快捷菜单中可更改选择铅笔工具、颜色替换工具和混合器画笔工具，如图5-41所示。

图 5-41

5.1.1 画笔工具

　　使用画笔工具可以绘制出多种图形。在"画笔"面板上选择的画笔决定了绘制效果，并且画笔工具默认使用前景色进行绘制。选择"画笔工具" ✐，显示该工具的属性栏，如图5-42所示。

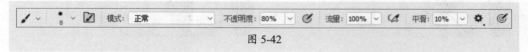

图 5-42

　　"画笔工具"属性栏中主要选项的功能介绍如下。

● **工具预设** ✐：实现新建工具预设和载入工具预设等操作。

● **画笔预设** ：选择画笔笔尖，设置画笔大小和硬度。

● **模式** 模式：正常 ：设置画笔的绘画模式，即绘画时的颜色与当前颜色的混合模式。

● **不透明度** 不透明度：30% ：设置在使用画笔绘图时所绘颜色的不透明度。数值越小，所绘出的颜色越浅，反之则越深。

● **流量** 流量：100% ：设置使用画笔绘图时所绘颜色的深浅。若设置的流量较小，则其绘制效果如同降低透明度一样，但经过反复涂抹，颜色就会逐渐饱和。

● **启用喷枪样式** ：单击该按钮即可启动喷枪功能，将渐变色调应用于图像，同时模拟传统的喷枪技术，Photoshop会根据单击程度确定画笔笔迹的填充。

● **平滑** 平滑：30% ：可控制绘画时得到图像的平滑度，数值越大，平滑度越高。

● **绘板压力控制大小** ：使用压感笔压大小可以覆盖"画笔"面板中的"不透明度"和"大小"的设置。

5.1.2 铅笔工具

使用铅笔工具可以绘制出硬边缘的效果，特别是绘制斜线时，锯齿效果会非常明显，并且所有定义的外形光滑的笔刷也会被锯齿化。选择"铅笔工具" ✐，将会显示出该工具的属性栏，如图5-43所示。

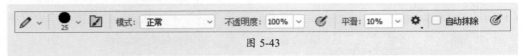

图 5-43

在属性栏中，除了"自动抹除"选项外，其他选项均与画笔工具相同。勾选"自动抹除"复选框，铅笔工具会自动选择是以前景色还是背景色作为画笔的颜色。若起始点为前景色，则以背景色作为画笔颜色；若起始点为背景色，则以前景色作为画笔颜色，如图5-44、图5-45所示。

图 5-44   图 5-45

💬 **技巧点拨**

按住Shift键的同时单击"铅笔工具"，在图像中拖动鼠标可以绘制出直线（水平或垂直方向）效果。

5.1.3 颜色替换工具

颜色替换工具位于画笔工具组中，用户可以在保留图像原有材质与明暗的基础上，使用颜色替换工具将图像中的色彩置换为前景色，赋予图像更多变化。选择"颜色替换工具" ✐，将会显示出该工具的属性栏，如图5-46所示。

图 5-46

"颜色替换工具"属性栏中主要选项的功能介绍如下。

● **模式** 模式：颜色 ﹀：设置替换颜色的模式，包括"颜色""色相""饱和度"和"明度"。当选择"颜色"模式时，可以同时替换色相、饱和度和明度。

● **取样方式** ✍ ✍ ✍ ：设置所要替换颜色的取样方式，包括"连续"✍ ✍ ✍ 、"一次" ✍
和"背景色板" ✍ 三种方式。

● **限制** 限制：连续 ⌄ ：设置替换颜色的方式。"连续"表示替换与取样点相接或邻近
的颜色相似区域；"不连续"表示替换在容差范围内所有与取样颜色相似的像素；
"查找边缘"表示替换与取样点相连的颜色相似区域，能较好地保留替换位置颜
色反差较大的边缘轮廓。

● **容差** 容差：30% ⌄ ：控制替换颜色区域的大小。数值越小，替换的颜色就越接近色样
颜色，所替换的范围也就越小，反之替换的范围越大。

● **消除锯齿** ☑ 消除锯齿：勾选该复选框，在替换颜色时，将得到较平滑的图像边缘。

颜色替换工具的使用方法很简单，即首先设置前景色，选择"颜色替换工具" ✍ ，
并设置其各选项参数值，在图像中进行涂抹即可实现颜色的替换，如图5-47、图5-48
所示。

图 5-47

图 5-48

5.1.4 混合器画笔工具

混合器画笔工具可以像传统绘画中混合颜料一样混合像素，模拟真实的绘画效果。
选择"混合器画笔工具" ✍ ，将会显示出该工具的属性栏，如图5-49所示。

图 5-49

"混合器画笔工具"属性栏中主要选项的功能介绍如下。

● **当前画笔载入** ▓ ✍ ✍ ：单击 ▓ 色块可调整画笔颜色，单击右侧三角符号可以选
择"载入画笔""清理画笔"和"只载入纯色"选项。单击"每次描边后载入画
笔" ✍ 和"每次描边后清理画笔" ✍ 两个按钮用于可以控制每一笔涂抹结束后
对画笔是否更新和清理。

● **潮湿**：控制画笔从画布拾取的油彩量，较高的设置会产生较长的绘画条痕。

- **载入：**指定储槽中载入的油彩量，载入速率较低时，绘画描边干燥的速度会更快。
- **混合：**控制画布油彩量同储槽油彩量的比例。比例为100%时，所有油彩将从画布中拾取；比例为0%时，所有油彩都来自储槽。
- **流量：**控制混合画笔流量大小。
- **描边平滑度** ◯ 10% ∨ ：用于控制画笔抖动。
- **对所有图层取样：**拾取所有可见图层中的画布颜色。

知识链接　　混合画笔工具常用于人物修图，可以快捷地去除皮肤上的瑕疵，达到磨皮的效果。

5.2 "画笔设置"面板

"画笔设置"面板主要用于选择预设画笔和自定义画笔，它是画笔的控制中心。要设置复杂的笔刷样式，只有在"画笔设置"面板中才能完成。因此，画笔的选择影响着图像的最终处理效果。

执行"窗口"|"画笔设置"命令或在其属性栏中单击"切换画笔面板"按钮，弹出"画笔设置"面板，单击"画笔"按钮，弹出"画笔"面板，如图5-50所示。在该面板中可选择自定义的画笔笔刷。

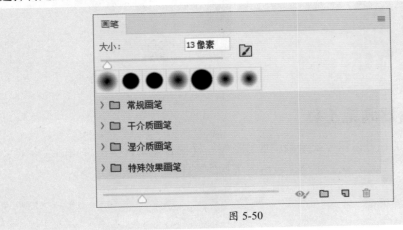

图 5-50

1. 画笔笔尖形状

打开"画笔设置"面板，默认的显示为"画笔笔尖形状"选项，如图5-51所示。该选项中主要参数的功能介绍如下。

- **大小：**设置定义画笔的直径大小，其取值范围为1～2500像素。
- **翻转X/翻转Y：**设置笔尖形状的翻转效果。
- **角度：**设置画笔的角度，取值范围为-180°～180°。

- **圆度：** 设置椭圆形画笔长轴和短轴的比例，取值范围为0%~100%。
- **硬度：** 设置画笔笔触的柔和程度，取值范围为0%~100%。
- **间距：** 设置在绘制线条时两个绘制点之间的距离。

2. 形状动态

勾选"形状动态"复选框，在面板右侧可设置画笔的大小、角度和圆度变化，控制绘画过程中画笔形状的变化效果，如图5-52所示。

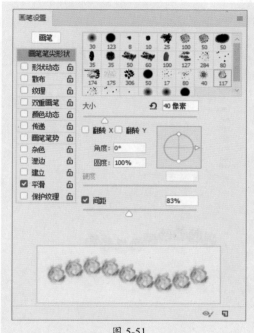
图 5-51

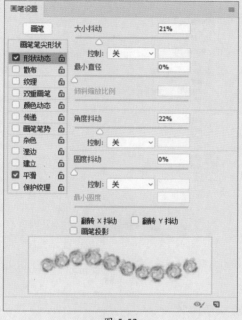
图 5-52

3. 散布

勾选"散布"复选框，在面板右侧可设置画笔偏离绘画路径的程度和数量，如图5-53所示。该选项中主要参数的功能介绍如下。

- **散布：** 控制画笔偏离绘画路线的程度。百分比值越大，则偏离程度就越大。
- **两轴：** 选中该选项，则画笔将在X、Y两轴上发生分散，反之只在X轴上发生分散。
- **数量：** 设置绘制轨迹上画笔点的数量。该数值越大，画笔点越多。
- **数量抖动：** 设置画笔点的数量变化，参考值是数量本身的取值，具有随机性。

4. 纹理

勾选"纹理"复选框，在面板右侧可在画笔上添加纹理效果，控制纹理的叠加模式、缩放比例和深度，如图5-54所示。在该选项中主要参数的功能介绍如下。

- **缩放：** 拖动滑块或在数值输入框中输入数值，设置纹理的缩放比例。

- **为每个笔尖设置纹理**：用来确定是否对每个画笔点分别进行渲染，若不选择此项，则"深度""最小深度"和"深度抖动"参数无效。
- **模式**：用于选择画笔和图案之间的混合模式。
- **深度**：用来设置图案的混合程度，数值越大，图案越明显。
- **最小深度**：用来确定纹理显示的最小混合程度。
- **深度抖动**：当勾选"为每个笔尖设置纹理"复选框时，主要用来设置深度的改变方式。

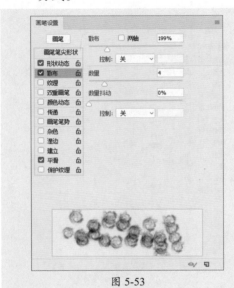

图 5-53   图 5-54

⑤ 双重画笔

勾选"双重画笔"复选框即可使用两种笔尖形状创建画笔。双重画笔的设置方法是：先在"模式"下拉列表框中选择原始画笔和第二种画笔的混合方式，然后在下面的笔尖形状列表框中选择一种笔尖作为第二种笔尖形状，最后设置第二种笔尖的大小、间距、散布和数量参数，如图5-55所示。

⑥ 颜色动态

勾选"颜色动态"复选框可设置在绘制过程中画笔颜色的变化情况，包括前景/背景抖动、色相抖动、饱和度抖动、亮度抖动以及纯度，如图5-56所示。该选项中主要参数的功能介绍如下。

- **前景/背景抖动**：用来设置画笔颜色在前景色和背景色之间变化。
- **色相抖动**：指定画笔绘制过程中画笔颜色色相的动态变化范围。该百分比值越大，画笔的色调发生随机变化时就越接近背景色色调，反之就越接近前景色色调。
- **饱和度抖动**：指定画笔绘制过程中画笔颜色饱和度的动态变化范围。该百分比值越大，画笔的饱和度发生随机变化时就越接近背景色的饱和度，反之就越接近前景色的饱和度。

● **亮度抖动：** 指定画笔绘制过程中画笔亮度的动态变化范围。该百分比值越大，画笔的亮度发生随机变化时就越接近背景色亮度，反之就越接近前景色亮度。

● **纯度：** 设置绘画颜色的纯度。

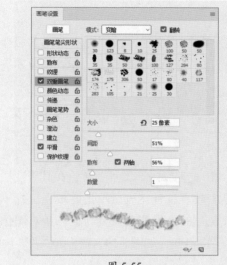  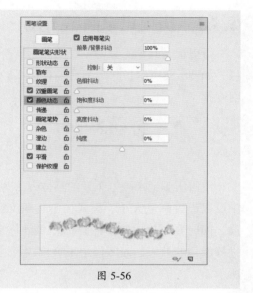

图 5-55   图 5-56

7. 其他选项设置

"画笔设置"面板中还有7个选项，各选项的功能介绍如下。

● **传递：** 单击面板左侧"传递"选项，在右侧可以设置画笔的不透明度抖动和流量抖动参数。"不透明度抖动"指定画笔绘制过程中油墨不透明度的变化，"流量抖动"指定画笔绘制过程中油墨流量的变化。

● **画笔笔势：** 该选项用于调整毛刷画笔笔尖、侵蚀画笔笔尖的角度。

● **杂色：** 在画笔边缘增加杂点效果。

● **湿边：** 使画笔边界呈现湿边效果，类似于水彩绘画。

● **建立：** 模拟传统喷枪效果，根据单击鼠标程度确定画笔线条的填充数量。

● **平滑：** 可以使绘制的线条更平滑。

● **保护纹理：** 选择此选项后，当使用多个画笔时，可模拟一致的画布纹理效果。

5.3 历史记录工具组

历史记录画笔属于图像恢复工具，在进行错误操作之后，可以使用历史记录画笔，将图像编辑过程中的某个状态还原出来。在工具箱中用鼠标右击"历史记录画笔工具" ，在弹出的快捷菜单中可更改选择"历史记录艺术画笔工具"选项，如图5-57所示。

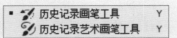

图 5-57

5.3.1　历史记录画笔工具

　　历史记录画笔工具的主要功能是恢复图像。选择"历史记录画笔" <img>，显示其属性栏，如图5-58所示，它与画笔工具属性栏相似，可用于设置画笔的样式、模式以及不透明度等。

图 5-58

　　使用历史记录画笔工具的具体方法为：单击"历史记录画笔工具" <img>，在其属性栏中可以设置画笔大小、模式、不透明度和流量等参数。设置完成后单击并按住鼠标不放，同时在图像中需要恢复的位置处拖动，光标经过的位置即会恢复为上一步对图像进行操作的效果，而图像中未被修改过的区域将保持不变，如图5-59、图5-60、图5-61所示。

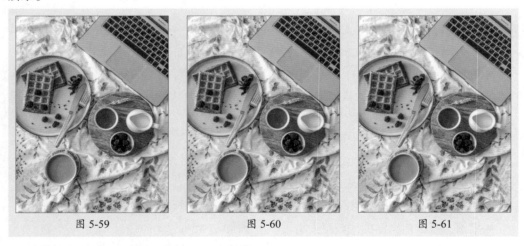

图 5-59　　　　　　　　　　图 5-60　　　　　　　　　　图 5-61

知识链接　　　使用历史记录画笔工具的最终效果，取决于"历史记录面板"中"历史记录的源"。

5.3.2　历史记录艺术画笔工具

　　使用"历史记录艺术画笔工具"恢复图像时，将产生一定的艺术笔触，常用于制作富有艺术气息的绘画图像。选择"历史记录艺术画笔工具" <img>，在其属性栏中可以设置画笔大小、模式、不透明度、样式、区域和容差等参数，如图5-62所示。

图 5-62

在"样式"下拉列表框中，可以选择不同的笔刷样式。在"区域"文本框中可以设置历史记录艺术画笔描绘的范围，数值越大，影响的范围就越大。如图5-63、图5-64所示为使用历史记录艺术画笔工具绘制图像的效果。

图 5-63   图 5-64

5.4 橡皮擦工具组

使用擦除工具可以擦除图像中多余的区域。在工具箱中用鼠标右击"橡皮擦工具"，在弹出的快捷菜单中可更改选择"背景橡皮擦工具""魔术橡皮擦工具"，如图5-65所示。

图 5-65

5.4.1 橡皮擦工具

"橡皮擦工具"主要用于擦除当前图像中的颜色。选择"橡皮擦工具"，显示其属性栏，如图5-66所示。

图 5-66

图5-66所示属性栏中主要选项的功能介绍如下。

● **模式：** 该工具可以使用画笔工具和铅笔工具的参数，包括笔刷样式、大小等。若选择"块"模式，橡皮擦工具将使用方块笔刷。

- **不透明度：** 若不想完全擦除图像，则可以降低不透明度。
- **抹到历史记录：** 在擦除图像时，可以使图像恢复到任意一个历史状态。该方法常用于将图像的局部恢复到前一个状态。

橡皮擦工具在不同的图层模式下有不同的擦除效果。在背景图层下擦除，擦除的部分显示为背景色，如图5-67所示；在普通图层状态下擦除，擦除的部分为透明效果，如图5-68所示。

图 5-67

图 5-68

5.4.2 背景橡皮擦工具

"背景橡皮擦工具"可用于擦除指定颜色，并将被擦除的区域以透明色填充。选择"背景橡皮擦工具" ✎，显示其属性栏，如图5-69所示。

图 5-69

图5-69所示属性栏中主要选项的功能介绍如下。

- **限制：** 在该下拉列表中包含3个选项。若选择"不连续"选项，则擦除图像中所有具有取样颜色的像素；若选择"连续"选项，则擦除图像中与光标相连的具有取样颜色的像素；若选择"查找边缘"选项，则在擦除与光标相连区域的同时保留图像中物体锐利的边缘效果。
- **容差：** 可设置被擦除的图像颜色与取样颜色之间差异的大小，取值范围为0%～100%。数值越小，被擦除的图像颜色与取样颜色越接近，擦除的范围越小；数值越大，则擦除的范围越大。
- **保护前景色：** 勾选该复选框，可防止具有前景色的图像区域被擦除。

"背景橡皮擦工具"的使用方法为：分别吸取背景色和前景色，前景色为保留的部分，背景色为擦除的部分，如图5-70、图5-71所示。

图 5-70

图 5-71

5.4.3 魔术橡皮擦工具

"魔术橡皮擦工具"是魔棒工具和背景橡皮擦工具的综合，是一种根据像素颜色来擦除图像的工具。使用魔术橡皮擦工具可以一次性擦除图像或选区中颜色相同或相近的区域，从而得到透明区域。选择"魔术橡皮擦工具" ，显示其属性栏，如图5-72所示。

图 5-72

图5-72所示属性栏中主要选项的功能介绍如下。

● **消除锯齿：** 勾选该复选框，将得到较平滑的图像边缘。

● **连续：** 勾选该复选框，可使擦除工具仅擦除与单击处相连接的区域。

● **对所有图层取样：** 勾选该复选框，将利用所有可见图层中的组合数据来采集色样，否则只对当前图层的颜色信息进行取样。

该工具能直接对背景图层进行擦除操作，而无须进行解锁。使用魔术橡皮擦工具擦除图像的前后对比效果如图5-73、图5-74所示。

图 5-73

图 5-74

5.5 渐变工具组

使用渐变工具可为图像填充渐变的颜色。若图像中没有选区，渐变色会填充到当前图层上；如果图像中有选区，渐变色会填充到选区中。在工具箱中用鼠标右击"渐变工具" ▣，在弹出的快捷菜单中可更改选择"油漆桶工具"与"3D材质拖放工具"，如图5-75所示。

图 5-75

5.5.1 渐变工具

"渐变工具"应用非常广泛，利用它不仅可以填充图像，还可以填充图层蒙版、快速蒙版和通道等。使用渐变工具可以创建多种颜色之间的逐渐混合。选择"渐变工具" ▣，显示其属性栏，如图5-76所示。

图 5-76

图5-76所示属性栏中主要选项的功能介绍如下。

- **渐变颜色条：** 显示当前渐变颜色，单击右侧的下拉按钮▽，可以打开"渐变"拾色器，如图5-77所示。若单击渐变颜色条，则直接显示"渐变编辑器"对话框，在该对话框中可以进行参数设置，如图5-78所示。

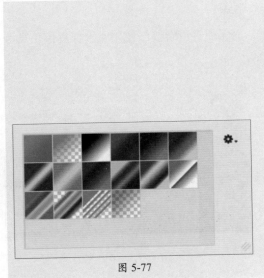

图 5-77

图 5-78

● **线性渐变**：单击该按钮，可以以直线方式在不同方向创建起点到终点的渐变。如图5-79所示为从左至右创建渐变。如图5-80所示为从左至右创建多次（叠加）渐变。

图 5-79

图 5-80

● **径向渐变**：单击该按钮，可以以圆形的方式创建起点到终点的渐变，如图5-81所示。如图5-82所示为选择"反向"复选框创建的渐变。

图 5-81

图 5-82

● **角度渐变**：单击该按钮，可以创建围绕起点逆时针扫描方式的渐变，如图5-83所示。如图5-84所示为创建的叠加角度渐变。

图 5-83

图 5-84

- **对称渐变**：单击该按钮，可以使用均衡的线性渐变在起点的任意一侧创建渐变。如图5-85、图5-86所示为从不同方向创建的叠加对称渐变。

图 5-85 图 5-86

- **菱形渐变**：单击该按钮，可以以菱形方式从起点向外产生渐变，终点定义菱形的一个角，如图5-87所示。如图5-88所示为勾选"反向"复选框创建的渐变。

图 5-87 图 5-88

- **模式**：设置应用渐变时的混合模式。
- **不透明度**：设置应用渐变时的不透明度。
- **反向**：勾选该复选框，得到反方向的渐变效果。
- **仿色**：勾选该复选框，可以使渐变效果更加平滑，防止打印时出现条带化现象，但在显示屏上不能明显地显示出来。
- **透明区域**：勾选该复选框，可以创建包含透明像素的渐变。

5.5.2 油漆桶工具

油漆桶工具可以在图像中填充前景色和图案。若创建了选区，填充的区域为当前区域；若未创建选区，填充的是与鼠标吸取处颜色相近的区域。选择"油漆桶工具" 🖋️ ，显示其属性栏，如图5-89所示。

图 5-89

图5-89所示属性栏中主要选项的功能介绍如下。

● **填充选项**：可选择前景或图案两种填充。当选择图案填充时，可在后面的下拉列表中选择相应的图案。

● **不透明度**：用于设置填充的颜色或图案的不透明度。

● **容差**：用于设置油漆桶工具进行填充的图像区域。

● **消除锯齿**：用于消除填充区域边缘的锯齿形。

● **连续的**：若选择此选项，则填充的区域是和鼠标单击点相似并连续的部分；若不选择此项，则填充的区域是所有和鼠标单击点相似的像素，无论是否和鼠标单击点相连续。

● **所有图层**：选择后表示作用于所有图层。

新建图层选区和直接使用"油漆桶工具"填充效果如图5-90、图5-91所示。

图 5-90   图 5-91

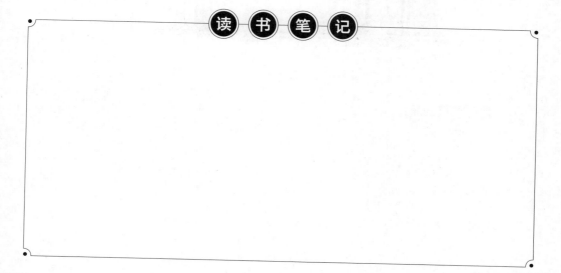

读 书 笔 记

自己练/设计室外导向标识

案例路径 云盘\实例文件\第5\自己练\设计室外导向标识

项目背景 浦江国际会展中心是集展览、会议、商务、餐饮、娱乐等多种功能为一体的超大型公共建筑，近期会投入使用。为方便来此参加活动的客户短时间找到具体的位置，特委托广告公司设计室外导向标识的示意图。

项目要求 ①具体导向信息要明确，表达要清楚，设计款式要简单大方。
②设计规格：长宽比为1：6。

项目分析 室外的导向标识一般以简单大方为主，导向信息要明确，不宜烦琐。这里以蓝灰色为主，灰色可使用渐变填充。文字要醒目，在文字下方可搭配放置方向的图标。参考效果如图5-92所示。

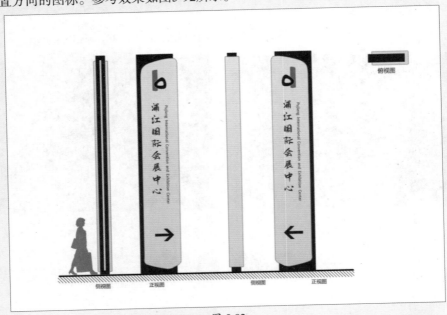

图 5-92

课时安排 2课时。

Photoshop

第**6**章

制作证件照
——图像编辑工具详解

本章概述

　　本章将对Photoshop的图像编辑工具进行详细讲解。通过本章的学习，掌握编辑、处理图像效果的方法，最终制作出自己想要的图像效果。

要点难点

- 裁剪工具的应用 ★☆☆
- 仿制图章的应用 ★★☆
- 模糊工具的应用 ★★☆
- 污点修复工具的应用 ★★☆

跟我学 制作个人证件照 ///////////////////////////////

学习目标 通过本实操案例，了解照片的常用尺寸，学习使用裁剪工具的设置与裁剪方法，掌握用油漆桶工具填充图像的方法，学会利用图层样式对一寸证件照进行排版。

案例路径 云盘 \ 实例文件 \第6章 \跟我学 \制作个人证件照

步骤 01 执行"文件"|"打开"命令，在弹出的"打开"对话框中选择目标图像，如图6-1所示。

步骤 02 打开的图像如图6-2所示。

图 6-1   图 6-2

步骤 03 选择"裁剪工具"，在属性栏中的"比例"下拉列表中选择"宽×高×分辨率"选项，在属性栏中设置其参数，如图6-3所示。

图 6-3

步骤 04 移动鼠标至裁剪框的任意角，按住Shift键拖动鼠标将裁剪框调整至合适大小，再把头像移至裁剪框正中位置，如图6-4所示。

步骤 05 调整完成后，按Enter键即可完成裁剪，如图6-5所示。

图 6-4   图 6-5

步骤 06 执行 "窗口" | "图层" 命令，在 "图层" 面板中单击 "创建新图层" 按钮新建图层，调整顺序，如图6-6所示。

步骤 07 在工具箱中双击 "设置前景色" 按钮，在弹出的 "拾色器" 对话框中拖动鼠标指针设置颜色，或直接输入颜色色值（R：0、G：160、B：234），如图6-7所示。

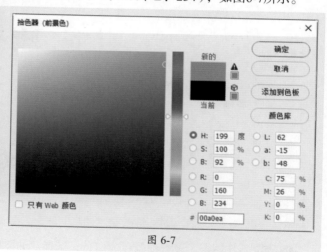

图 6-6   图 6-7

步骤 08 选择 "油漆桶工具" 单击填充图层，如图6-8所示。

步骤 09 按住Shift键加选图层0，按Ctrl+E组合键合并图层，如图6-9所示。

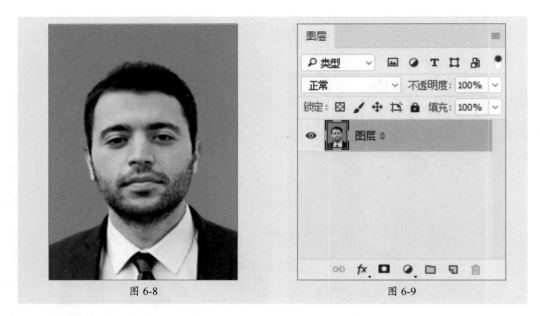

图 6-8   图 6-9

步骤10 执行"图像"|"画布大小"命令，在弹出"画布大小"对话框中勾选"相对"复选框，在"宽度"和"高度"文本框中各输入0.1cm，如图6-10、图6-11所示。

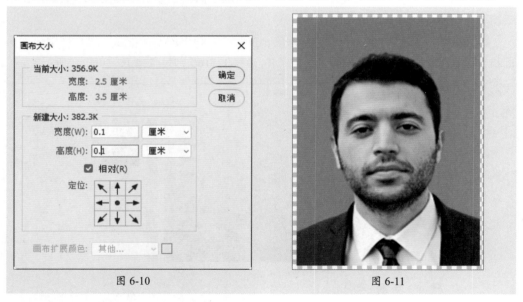

图 6-10   图 6-11

步骤11 新建图层，设置前景色为白色，选择"油漆桶工具"单击填充图层，如图6-12所示。按住Shift键加选图层1，按Ctrl+E组合键合并图层，效果如图6-13所示。

步骤12 执行"编辑"|"定义图案"命令，在弹出的"图案名称"对话框中设置参数，如图6-14所示。

图 6-12   图 6-13

图 6-14

步骤 13 按Ctrl+N组合键，在弹出的"新建文档"中设置参数，如图6-15所示。

步骤 14 双击背景图层，在弹出的"新建图层"对话框中单击"确定"按钮，如图6-16所示。

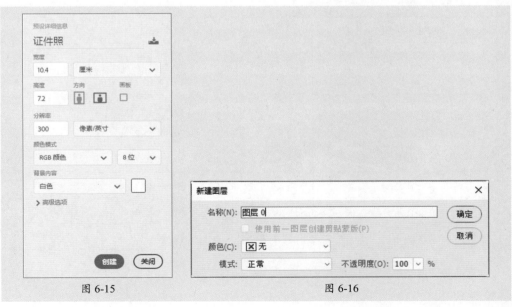

图 6-15   图 6-16

步骤15 双击背景图层，在弹出的"图层样式"对话框中选择"图案叠加"选项，如图6-17所示。

步骤16 叠加效果如图6-18所示。

图 6-17   图 6-18

至此，完成个人证件照的制作。

知识链接　　关于照片的尺寸，国内外说法有所不同，国内的叫法是1寸、2寸、3寸等，数值取的是照片较长的那一边；国际的叫法是3R、4R、5R等，数值取的是照片较短的那一边的长度。国内照片尺寸标准如图6-19所示。

照片规格	尺寸大小（单位：cm×cm）
1寸	2.5×3.5
身份证大头照	3.3×2.2
2寸	3.5×5.3
小2寸（护照）	4.8×3.3
5寸	12.7×8.9
6寸	15.2×10.2
7寸	17.8×12.7
8寸	20.3×15.2
10寸	25.4×20.3
12寸	30.5×20.3
15寸	38.1×25.4

图 6-19

听我讲 ► Listen to me

6.1 裁剪工具组

在编辑图像时，图像的初始大小和比例不一定能满足
需要，此时可以根据需要，使用裁剪工具调整图像的大小
和比例。在工具箱中用鼠标右击"裁剪工具" 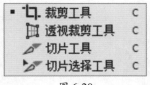，在弹出
的子菜单中可更改选择透视裁剪工具、切片工具和切片选
择工具，如图6-20所示。

图 6-20

6.1.1 裁剪工具

在使用裁剪工具时，可以在属性栏中设置裁剪区域的大小，也可以固定的长宽比例
裁剪图像。选择"裁剪工具" 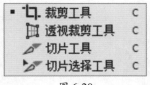，在属性栏中显示其属性参数，如图6-21所示。

图 6-21

图6-21所示属性栏中主要选项的功能介绍如下。

- **约束方式：** 在下拉列表中可以选择一些预设的裁切约束比例，如图6-22所示。
- **约束比例：** 在该文本框中直接输入自定约束比例数值。
- **清除：** 单击该按钮，删除约束比例方式与数值。
- **拉直：** 该功能允许用户为照片定义水平线，将倾斜的照片"拉"回水平。
- **视图 ⊞：** 在该下拉列表中可以选择裁剪区域的参考线，包括三等分、黄金分割、
  金色螺旋线等常用构图线，如图6-23所示。

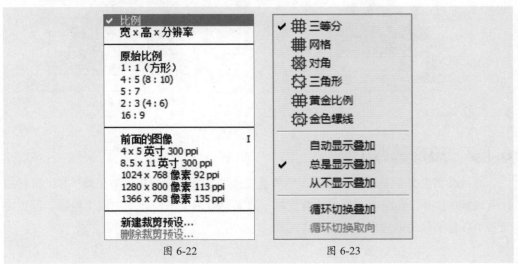

图 6-22   图 6-23

- **设置其他选项** ✿：单击该按钮，在下拉列表中可以进行一些功能设置，如图6-24所示。使用经典模式为CS6之前的剪裁工具模式。
- **删除裁剪的像素**：若勾选该复选框，多余的画面将会被删除；若取消勾选"删除裁剪的像素"复选框，则对画面的裁剪可以是无损的，即被裁剪掉的画面部分并没有被删除，可以随时改变裁剪范围。

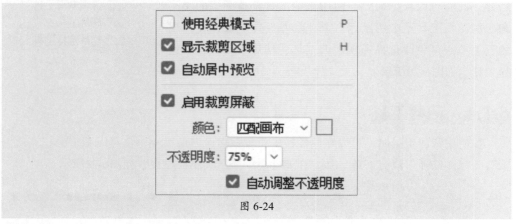

图 6-24

知识链接　　裁剪工具的经典模式不支持在裁剪区域上进行内容识别填充。
　　若在"约束方式"下拉列表框中选择"宽×高×分辨率"选项，在"约束比例"文本框中不填写数值，可自由裁剪图像，按Enter键完成裁剪，如图6-25、图6-26所示。

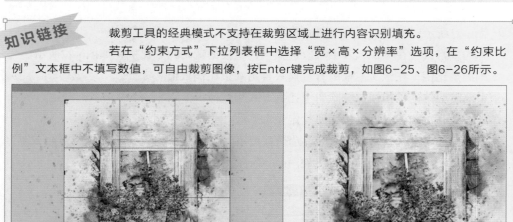

图 6-25　　　　　　　　　　　　　　　　　　图 6-26

6.1.2　透视裁剪工具

透视裁剪工具主要用来纠正不正确的透视变形。选择"透视裁剪工具" ⊞，鼠标指针变成 ⊞形状时，在图像上拖曳裁剪区域，只需要分别单击画面中的四个顶点，即可定义一个任意形状的四边形，如图6-27、图6-28所示。

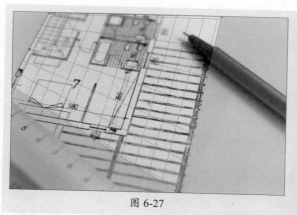

图 6-27

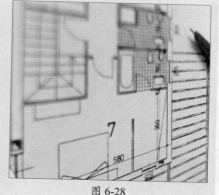

图 6-28

　　使用透视裁剪工具裁剪图像，不仅会对选中的画面区域进行裁剪，还会把选定区域"变形"为正四边形，缺失的部分会自动填充背景色。

6.1.3　切片工具

　　切片是指对图像进行重新切割划分，在制作网页切图时使用较多，可以用来制作HTML标记、创建链接、翻转和设置动画等。

　　选择"切片工具" ，在图像中绘制出一个切片区域，释放鼠标后图像被分割，每部分图像的左上角显示序号。在任意一个切片区域内单击鼠标右键，在弹出的菜单中选择"划分切片"选项，将弹出"划分切片"对话框，如图6-29所示。勾选"水平划分为"或"垂直划分为"复选框，在文本框中输入切片个数，完成后单击"确定"按钮即可，如图6-30所示。

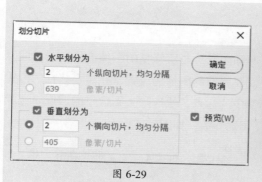

图 6-29

图 6-30

　　一般情况下，可按Ctrl+R组合键显示参考线，如果想使用参考线划分出区域，单击上方的"基于参考线的切片"按钮就可以按参考线进行切片。

6.1.4 切片选择工具

如果需要变换切片的位置和大小，可以使用切片选择工具，对切片进行选择和编辑等操作。选择"切片选择工具" ，单击需要编辑的切片，按住鼠标左键不放，可以随意挪动切片位置。还可以用左键按住切片四周的控制点，随意伸展或收缩切片大小，如图6-31、图6-32所示。

图 6-31

图 6-32

6.2 修补工具组

修补工具组可以修复图片中的缺陷，能使修复后的部分融入周围的图像中，并保持其纹理、亮度和层次不变。在工具箱中用鼠标右击"修补工具" ，在弹出的子菜单中可更改选择污点修复画笔工具、修复画笔工具、内容感知移动工具和红眼工具，如图6-33所示。

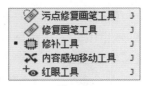
图 6-33

6.2.1 污点修复画笔工具

污点修复画笔工具是将图像的纹理、光照和阴影等与所修复的图像进行自动匹配。该工具不需要进行取样定义样本，只要确定需要修补的图像的位置，在需要修补的位置单击并拖动鼠标，然后释放鼠标即可修复图像中的污点，快速除去图像中的瑕疵。选择"污点修复画笔工具" ，在属性栏中显示其属性参数，如图6-34所示。

图 6-34

图6-34所示属性栏中主要选项的功能介绍如下。

● **类型—内容识别：** 选中该选项，将使用比较附近的图像内容，不留痕迹地填充选区，同时保留让图像栩栩如生的关键细节，如阴影和对象边缘。

- **类型—创建纹理：**选中该选项，将使用选区中的所有像素创建一个用于修复该区域的纹理。
- **类型—近似匹配：**选中该选项，使用选区边缘周围的像素，找到要用作修补的区域。
- **对所有图层取样：**勾选该复选框，可使取样范围扩展到图像中所有的可见图层。

如图6-35、图6-36所示为使用"污点修复画笔工具"修复图像前后的对比效果。

图 6-35　　　　　　　　　　　　　　　　　　　图 6-36

6.2.2　修复画笔工具

修复画笔工具与污点修复画笔工具相似，最根本的区别在于，在使用"修复画笔工具"前需要指定样本，即在无污点位置进行取样，再用取样点的样本图像来修复图像。使用修复画笔工具在修复图像时，会与周围颜色进行一次运算，使其更好地与周围图像融合。

选择"修复画笔工具"，在属性栏中显示其属性参数，如图6-37所示。

图 6-37

图6-37所示属性栏中主要选项的功能介绍如下。

- **源：**指定用于修复像素的源。选中"取样"选项可以使用当前图像的像素，而选中"图案"选项可以使用某个图案的像素。选中"图案"选项可在其右侧的列表中选择已有的图案用于修复。
- **对齐：**连续对像素进行取样，即使松开鼠标按钮，也不会丢失当前取样点。若取消选择"对齐"复选框，则会在每次停止并重新开始绘制时使用初始取样点中的样本像素。
- **样本：**从指定的图层中进行数据取样。
- **扩散：**控制粘贴的区域以怎样的速度适应周围的图像。图像中如果有颗粒或精细的细节则选择较低的值，图像如果比较平滑则选择较高的值。

选择"修复画笔工具"，按住Alt键的同时在其他图像区域单击取样，释放Alt键后在需要清除的图像区域单击即可修复，如图6-38、图6-39所示。

图 6-38

图 6-39

6.2.3 修补工具

修补工具和修复画笔工具类似，是使用图像中其他区域或图案中的像素来修复选中的区域。修补工具会将样本像素的纹理、光照和阴影与源像素进行匹配。

选择"修补工具" ⚙ ，在属性栏中显示其属性参数，如图6-40所示。其中，若选择"源"选项，则修补工具将从目标选区修补源选区；若选择"目标"选项，则修补工具将从源选区修补目标选区。

图 6-40

选择"修补工具"，在图像中需要修补的部分随意绘制一个选区，拖动选区到其他部分的图像上，释放鼠标即可用其他部分的图像修补有缺陷的图像区域，如图6-41、图6-42所示。

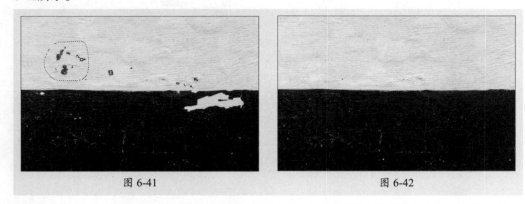

图 6-41

图 6-42

💬 技巧点拨

使用"修补工具"框选选区后，可按Delete键弹出"填充"对话框，在该对话框中选择"内容识别"填充。

6.2.4 内容感知移动工具

内容感知移动工具属于操作简单的智能修复工具。内容感知移动工具主要有以下两大功能。

- **感知移动功能**：该功能主要是用来移动图片中的主体，并随意放置到合适的位置。移动后的空隙位置，软件会智能修复。
- **快速复制**：选取想要复制的部分，移到其他需要的位置就可以实现复制，复制后的边缘会自动柔化处理，跟周围环境融合。

选择"内容感知移动工具" ✕，在属性栏中显示其属性参数，如图6-43所示。

图 6-43

在该属性栏中，"模式"选项中包括"移动""扩展"两个选项。若选择"移动"选项，就会实现"感知移动"功能；若选择"扩展"选项，就会实现"快速复制"功能。

选择"内容感知移动工具"，按住鼠标左键并拖动画出选区，然后在选区中再按住鼠标左键拖动，移到目标位置后释放鼠标，按Enter键后单击任意位置即可，如图6-44、图6-45所示。

图 6-44   图 6-45

6.3 图章工具组

图章工具组是常见的修图工具，主要用于对图像的复制和修复，修补图像中的不足部分。在工具箱中用鼠标右击"仿制图章工具" 🔲，在弹出的快捷菜单中可更改选择"图案图章工具"，如图6-46所示。

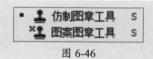

图 6-46

6.3.1 仿制图章工具

仿制图章工具在操作前需要从图像中取样，然后将样本应用到其他图像或同一图像的其他部分。选择"仿制图章工具" ，在属性栏中显示其属性参数，如图6-47所示。

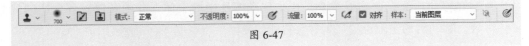

图 6-47

选择"仿制图章工具"，按住Alt键，在图像中单击取样，释放Alt键后单击即可仿制出取样处的图像，如图6-48、图6-49所示。

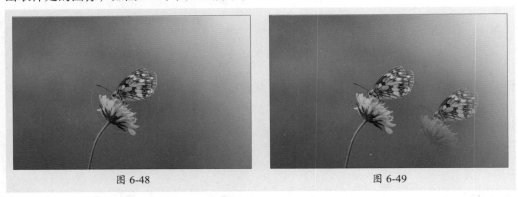

图 6-48   图 6-49

知识链接　　　在属性栏中，若勾选"对齐"复选框，则可以对像素连续取样，而不会丢失当前的取样点；若取消勾选"对齐"复选框，则会在每次停止并重新开始绘画时使用初始取样点中的样本像素。

6.3.2 图案图章工具

图案图章工具用于复制图案，并对图案进行排列，但需要注意的是，该图案是在复制操作之前定义好的。选择"图案图章工具" ，在属性栏中显示其属性参数，如图6-50所示。

图 6-50

图6-50所示属性栏中主要选项的功能介绍如下。

- **图案** ：在该下拉列表中可以选择进行复制的图案。其中，图案可以是系统预设的图案，也可以是自己定义的图案。
- **对齐**：若勾选该复选框，每次单击拖曳得到的图像效果是图案重复衔接拼贴；若取消勾选该复选框，多次复制时会得到图像的重叠效果。
- **印象派效果**：选中该复选框，可以对图案应用印象派艺术效果，图案的笔触会变得扭曲、模糊。

　　使用"矩形选框工具"选取要作为自定义图案的图像区域,执行"编辑"|"定义图案"命令,打开"图案名称"对话框,为选区命名并保存。选择"图案图章工具",在属性栏的"图案"下拉列表中选择所需图案,将鼠标移到图像窗口,按住鼠标左键并拖动(可多次拖动或单击),即可使用选择的图案覆盖当前区域的图像,如图6-51、图6-52所示。

图 6-51　　　　　　　　　　　　　　　　　图 6-52

6.4　模糊工具组

　　在工具箱中用鼠标右击"模糊工具" △ ,在弹出的快捷菜单中可更改选择"锐化工具"和"涂抹工具",如图6-53所示。利用这些工具,可以对图像进行清晰或模糊处理。

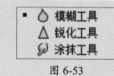

图 6-53

6.4.1　模糊工具

　　使用模糊工具可以降低图像相邻像素之间的对比度,使图像局部区域变得柔和,产生一种模糊效果;还可以柔化粘贴到某个文档中的图像参差不齐的边界,使之更加平滑地融入背景。选择"模糊工具" △ ,在属性栏中显示其属性参数,如图6-54所示。

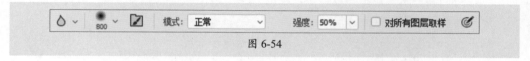

图 6-54

　　在图6-54所示的属性栏中,可以设置模糊的强度,数值越大,模糊效果越明显。选择"模糊工具",在其属性栏中设置参数,然后在图像窗口中单击并拖动鼠标涂抹需要模糊的区域即可，如图6-55、图6-56所示。

图 6-55

图 6-56

6.4.2　锐化工具

　　锐化工具与模糊工具相反，锐化工具用于增加图像中像素边缘的对比度和相邻像素间的反差，提高图像的清晰度或聚焦程度，从而使图像产生清晰的效果。

　　选择"锐化工具" △，在其属性栏中设置参数，然后在图像窗口中单击并拖动鼠标涂抹需要锐化的区域即可，如图6-57、图6-58所示。

图 6-57

图 6-58

6.4.3　涂抹工具

　　"涂抹工具" 🖐 的作用是模拟手指进行涂抹绘制的效果，提取最先单击处的颜色与鼠标拖动经过的颜色融合挤压，以产生模糊的效果。选择"涂抹工具" 🖐，在属性栏中显示其属性参数，如图6-59所示。

图 6-59

在该属性栏中，若勾选"手指绘画"复选框，单击并拖动鼠标时，则使用前景色与图像中的颜色相融合；若取消勾选该复选框，则使用开始拖动时的图像颜色。涂抹效果如图6-60、图6-61所示。

图 6-60　　　　　　　　　　图 6-61

6.5　减淡工具组

在工具箱中用鼠标右击"减淡工具" 🔍，在弹出的快捷菜单中可更改选择"加深工具"和"海绵工具"，如图6-62所示。利用这些工具，可以调整图像局部的色调和颜色，使作品呈现出不一样的视觉效果。

图 6-62

6.5.1　减淡工具

减淡工具可以使图像的颜色更加明亮。使用减淡工具可以改变图像特定区域的曝光度，从而使该区域变亮。选择"减淡工具" 🔍，在属性栏中显示其属性参数，如图6-63所示。

图 6-63

图6-63所示属性栏中主要选项的功能介绍如下。

● **范围** 范围: 中间调 ∨：设置加深的作用范围，包括3个选项，分别为"阴影""中间调"和"高光"。

● **曝光度** 曝光度: 50% ∨：设置对图像色彩减淡的程度。

● **保护色调** ☑ 保护色调 ：勾选该复选框后，使用加深或减淡工具进行操作时可以尽量保护图像原有的色调不失真。

选择"减淡工具" 🔍，在属性栏中进行设置后将鼠标指针移动到需要处理的位置，单击并拖动鼠标进行涂抹即可应用减淡效果，如图6-64、图6-65所示。

图 6-64　　　　　　　　　　图 6-65

6.5.2　加深工具

加深工具主要用于加深阴影效果。使用"加深工具"可以改变图像特定区域的曝光度，从而调整图像明暗的统一性。选择"加深工具" 🔍，在属性栏中进行相应设置后，将鼠标指针移到图像窗口中，单击并拖动鼠标进行涂抹即可应用加深效果，如图6-66、图6-67所示。

图 6-66　　　　　　　　　　图 6-67

6.5.3　海绵工具

海绵工具为色彩饱和度调整工具，可用来改变局部的色彩饱和度（去色或加色）。当增加颜色的饱和度时，其灰度就会减少；饱和度为0%的图像为灰度图像。选择"海绵工具" ●，在属性栏中显示其属性参数，如图6-68所示。

图 6-68

如图6-68所示属性栏中主要选项的功能介绍如下。

- **模式：** 在该下拉列表中有"去色"和"加色"两个选项。选择"去色"选项可降低图像颜色的饱和度，选择"加色"选项可增加图像颜色的饱和度。
- **"流量"：** 用于设置饱和或不饱和的程度。

选择"海绵工具"，在属性栏中设置相关选项后，将鼠标指针移动到图像窗口中单击并拖动鼠标涂抹即可，如图6-69、图6-70所示。

图 6-69 图 6-70

读 书 笔 记

自己练／制作趣味图像

案例路径 云盘\实例文件\第6章\自己练\制作趣味图像

项目背景 近期刮起了宠物换头风，使用Photoshop为爱宠橘猫制作一个趣味换头效果。

项目要求 ①过渡自然真实。

②设计规格为1∶1。

项目分析 趣味头像可采用换脸的处理方式。橘猫为橘黄色的猫，可选用颜色相近的动物，例如狐狸、老虎。使用修补工具抠取复制狐狸脸部的五官，移动对齐到橘猫的脸部，使用蒙版、画笔以及减淡工具进行过渡处理，最后裁剪成1∶1方形图像。参考效果如图6-71和图6-72所示。

图 6-71

图 6-72

课时安排 2课时。

第 **7** 章

制作春秋更迭图像效果
——色彩与色调详解

本章概述

　　本章将对Photoshop中与色彩和色调相关的命令和面板进行详细讲解。通过本章的学习，掌握调整图像的基本方法。通过调整图像色彩的纯度、色调的饱和程度，能够使原本黯淡无光的图像变得光彩夺目。

要点难点

- 色彩平衡 ★★☆
- 色相/饱和度 ★★☆
- 色阶 ★★☆
- 曲线 ★★☆
- 去色 ★★☆

跟我学 春秋更迭图像效果 //////////////////////////

学习目标 通过本实操案例，学会在图层面板中创建可选颜色、曲线、色彩平衡、亮度对比度调整图层，对图像进行色彩色调的调整；学会利用渐变工具以及图层蒙版，为图像制作渐隐效果。

案例路径 云盘\实例文件\第7章\跟我学\春秋更迭图像效果

步骤 01 将素材文件拖放至Photoshop中，如图7-1所示。

步骤 02 按Ctrl+J组合键复制图层，如图7-2所示。

图 7-1   图 7-2

步骤 03 单击面板底部的"添加图层样式"按钮，在弹出的菜单中选择"曲线"选项，创建调整图层，在打开的"属性"面板中分别选择"红""绿""蓝"通道设置参数，如图7-3、图7-4、图7-5所示。

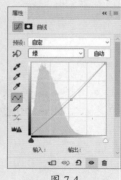

图 7-3   图 7-4   图 7-5

知识链接 在颜色调整过程中，有两种调整方式，一种是直接执行"图像"|"调整"菜单下的子命令，这种方式一旦应用便不可修改其参数；另一种是在"图层"面板中使用调整图层，这种方式是可以修改的。

步骤 04 调整"曲线"的效果如图7-6所示。

步骤 05 将前景色设置为黑色,选择"画笔工具"在蒙版中涂抹,如图7-7所示。

图 7-6   图 7-7

💬 **技巧点拨**

　　按X键可将前景色与背景色的颜色互换。用黑色画笔在蒙版中涂抹为删除,用白色画笔涂抹为恢复。

步骤 06 创建"可选颜色"调整图层,在打开的"属性"面板中分别选择"黄色""绿色"设置参数,如图7-8、图7-9所示。

图 7-8   图 7-9

步骤 07 调整"可选颜色"的效果如图7-10所示。

步骤 08 创建"色彩平衡"调整图层,在打开的"属性"面板中将黄色滑块向左拖动,如图7-11所示。

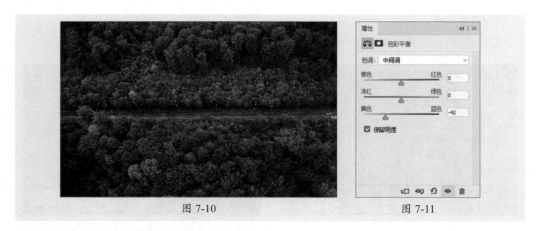

图 7-10   图 7-11

步骤 09 创建"亮度/对比度"调整图层，在打开的"属性"面板中设置其参数，如图7-12所示。

步骤 10 调整"亮度/对比度"后的图像效果如图7-13所示。

图 7-12   图 7-13

步骤 11 按Ctrl+J组合键复制背景图层，将其移至顶层，单击"添加图层蒙版"按钮，如图7-14所示。

步骤 12 选择"渐变工具"，在属性栏中选择"黑白渐变"，如图7-15所示。

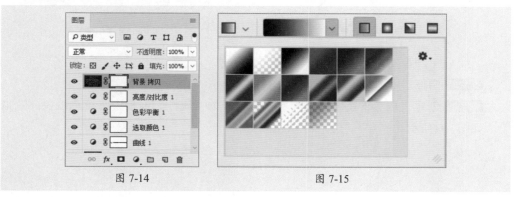

图 7-14   图 7-15

步骤 13 从上至下拖动鼠标创建渐变，形成对比更迭效果，如图7-16、图7-17所示。

图 7-16

图 7-17

至此，完成春秋更迭图像效果。

学 习 心 得

7.1 图像色彩的调整 //

色彩是构成图像的重要元素之一。调整图像的色彩，图像带给人们的视觉感受和风格也会随之变化，图像也会呈现出全新的面貌。

7.1.1 色彩平衡

色彩平衡命令只作用于复合颜色通道，在彩色图像中改变颜色的混合效果，用于纠正图像中明显的偏色问题。执行"色彩平衡"命令可以在图像原色的基础上根据需要添加其他颜色，或通过增加某种颜色的补色，以减少该颜色的数量，从而改变图像的色调。

执行"图像"|"调整"|"色彩平衡"命令或按Ctrl+B组合键，弹出"色彩平衡"对话框，从中可以通过设置参数或拖动滑块来控制图像色彩的平衡，如图7-18所示。

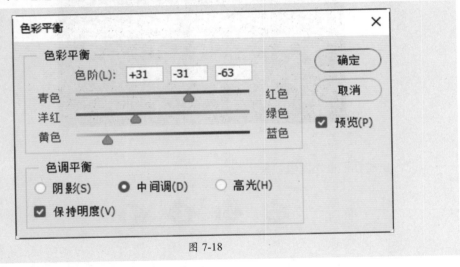

图 7-18

"色彩平衡"对话框中主要选项的功能介绍如下。

- **"色彩平衡"选项区**：在"色阶"文本框中输入数值即可调整组成图像的6个不同原色的比例，也可直接用鼠标拖动文本框下方的3个滑块来调整图像的色彩。
- **"色调平衡"选项区**：用于选择需要进行调整的色彩范围，包括暗调、中间调和高光，选中某一个单选按钮，就可对相应色调的像素进行调整。勾选"保持明度"复选框，可以保持图像的色调不变。

调整色彩平衡前后对比效果如图7-19、图7-20所示。

| 图 7-19 | 图 7-20 |

7.1.2 色相/饱和度

"色相/饱和度"命令主要用于调整图像像素的色相及饱和度，通过对图像的色相、饱和度和明度进行调整，从而达到改变图像色彩的目的。而且还可以通过给像素定义新的色相和饱和度，实现灰度图像上色的功能，或创作单色调效果。

执行"图像"|"调整"|"色相/饱和度"命令或按Ctrl+U组合键，弹出"色相/饱和度"对话框，如图7-21所示。

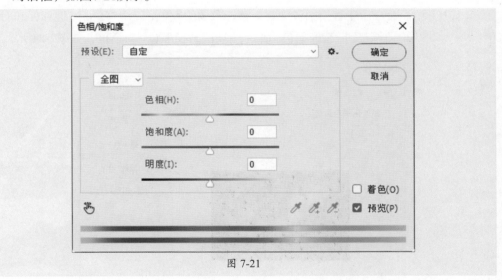

图 7-21

"色相/饱和度"对话框中主要选项的功能介绍如下。

● **预设** 预设(E): 默认值 ∨ ✿.：在"预设"下拉列表框中提供了8种色相/饱和度预设，单击"预设选项" ✿.按钮，可以对当前设置的参数进行保存，或者载入一个新的预设调整文件。

● **通道** 全图 ∨：在"通道"下拉列表框中提供了7种通道，选择通道后，可以拖动下面的"色相""饱和度""明度"滑块进行调整。选择"全图"选项可一次调整整幅图像中的所有颜色。若选择"全图"选项之外的选项,则色彩变化只对当前选中的颜色起作用。

● **移动工具** ：在图像上单击并拖动可修改饱和度,按Ctrl键单击可修改色相。

● **着色**□ 着色(O)：选中该复选框后,图像会整体偏向于单一的红色调。如图7-22、图7-23所示,通过调整色相和饱和度,能让图像呈现多种富有质感的单色调效果。

图 7-22　　　　　　　　　　　　　　图 7-23

7.1.3　替换颜色

"替换颜色"命令用于替换图像中某个特定范围的颜色,以调整色相、饱和度和明度值。执行"图像"|"调整"|"替换颜色"命令,弹出"替换颜色"对话框,如图7-24所示。

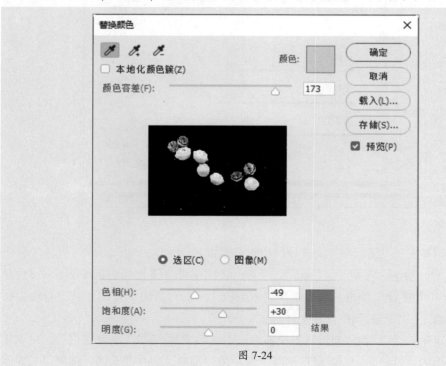

图 7-24

　　将鼠标指针移动到图像中需要替换颜色的区域单击以吸取颜色，并在"替换颜色"对话框中设置颜色容差，在图像栏中出现的为需要替换颜色的选区效果，呈黑白图像显示，白色代表替换区域，黑色代表不需要替换的颜色。设定好需要替换的颜色区域后，移动"色相""饱和度"和"明度"三角形滑块进行调整替换，同时可以移动"颜色容差"滑块进行控制，数值越大，模糊度越高，替换颜色的区域越大。

　　如图7-25、图7-26所示为"替换颜色"前后对比效果图。

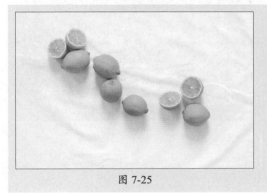 

图 7-25　　　　　　　　　　　　　　　　　　图 7-26

7.1.4　可选颜色

　　"可选颜色"命令可以校正颜色的平衡，选择某种颜色范围进行针对性的修改，在不影响其他原色的情况下修改图像中某种原色的数量。执行"图像"|"调整"|"可选颜色"命令，弹出"可选颜色"对话框，可以根据需要在颜色下拉列表框中选择相应的颜色后拖动其下的滑块进行调整，如图7-27所示。

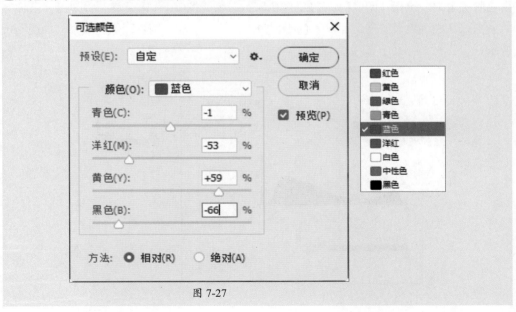

图 7-27

在"可选颜色"对话框中,若选中"相对"单选按钮,则表示按照总量的百分比更改现有的青色、洋红、黄色或黑色的量;若选中"绝对"单选按钮,则按绝对值进行颜色值的调整。

如图7-28、图7-29所示为调整"可选颜色"前后对比效果图。

图 7-28   图 7-29

7.2 图像色调调整

色调是指图像的相对明暗程度,在Photoshop中可以通过色阶、曲线、亮度/对比度等来调整图像的色调。

7.2.1 色阶

色阶是表示图像亮度强弱的指数标准,即色彩指数。图像的色彩丰满度和精细度是由色阶决定的。执行"图像"|"调整"|"色阶"命令或按Ctrl+L组合键,将弹出"色阶"对话框,从中可以设置通道、输入色阶和输出色阶等参数,调整图像的效果,如图7-30所示。

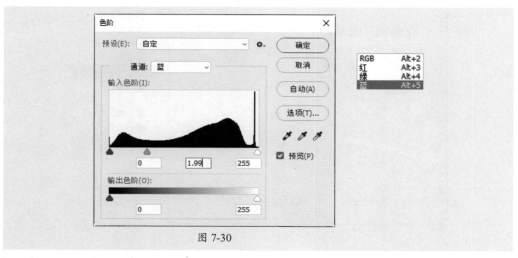

图 7-30

"色阶"对话框中主要选项的功能介绍如下。

● **预设** 预设(E): 默认值　　　　✓ ✿.：在"预设"下拉列表框中可以选择一种预设的色阶调整选项对图像进行调整；单击"预设选项"✿按钮，可以对当前设置的参数进行保存，或者载入外部的预设调整文件。

● **通道** 通道: RGB ：不同颜色模式的图像，在其通道下拉列表中显示相应的通道，可以根据需要调整整体通道或者调整单个通道。如图7-31、图7-32所示为调整蓝通道前后效果图。

图 7-31　　　　　　　　　　　　　　　　图 7-32

● **输入色阶**：黑、灰、白滑块分别对应3个文本框，依次用于调整图像的暗调、中间调和高光。

● **输出色阶**：用于调整图像的亮度和对比度，与其下方的两个滑块对应。黑色滑块表示图像的最暗值；白色滑块表示图像的最亮值。拖动滑块调整最暗和最亮值，从而实现亮度和对比度的调整。

● **自动**：单击该按钮，会自动调整图像的色阶，使图像的亮度分布更加均匀。

● **选项**：单击该按钮，在弹出的"自动颜色校正选项"对话框中可以设置单色、通道、深色、浅色的算法等。

● **在图像中取样以设置黑场** ✐：使用该吸管在图像中取样，可以将单击点处的像素调整为黑色，同时图像中比该单击点暗的像素也会变成黑色。

● **在图像中取样以设置灰场** ✐：使用该吸管在图像中取样，可以根据单击点像素的亮度来调整其他中间调的平均亮度。

● **在图像中取样以设置白场** ✐：使用该吸管在图像中取样，可以将单击点处的像素调整为白色，同时图像中比该单击点暗的像素也会变成白色。

7.2.2　曲线

通过调整曲线的斜率和形状可以实现对图像色彩、亮度和对比度的综合调整，使图像色彩更加协调。"曲线"的功能与"色阶"命令类似，但不同的是，曲线的调整范围更为精确，不但具有多样且不破坏像素色彩的操作特性，同时更可以选择性地单独调整图像上某一区域的像素色彩。

执行"图像"|"调整"|"曲线"命令或按Ctrl+M组合键,弹出"曲线"对话框,如图7-33所示。

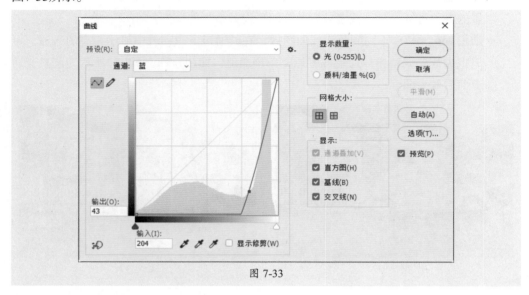

图 7-33

"曲线"对话框中主要选项的功能介绍如下。

● **预设:** Photoshop已对一些特殊调整做了设定,在其中选择相应选项即可快速调整图像。

● **通道:** 可选择需要调整的通道。如图7-34、图7-35所示为"蓝"通道调整前后效果对比图。

图 7-34

图 7-35

● **曲线编辑框:** 曲线的水平轴表示原始图像的亮度,即图像的输入值;垂直轴表示处理后新图像的亮度,即图像的输出值;曲线的斜率表示相应像素点的灰度值。在曲线上单击可创建控制点。

● **编辑点以修改曲线** ～: 表示以拖动曲线上控制点的方式来调整图像。

● **通过绘制来修改曲线** ✎: 单击该按钮后将鼠标指针移到曲线编辑框中,当指针变

为 ✐ 形状时单击并拖动，即可绘制需要的曲线来调整图像。

● ⊞ **按钮**：控制曲线编辑框中曲线的网格数量。

● **"显示"选项区**：包括"通道叠加""基线""直方图"和"交叉线"4个复选框，只有勾选这些复选框才会在曲线编辑框里显示3个通道叠加以及基线、直方图和交叉线的效果。

7.2.3　亮度/对比度

使用亮度/对比度，可以对图像的色调范围进行简单的调整，通过更改亮度与对比度的值，可有效地校正图像"发灰"。执行"图像"|"调整"|"亮度/对比度"命令，弹出"亮度/对比度"对话框，如图7-36所示。

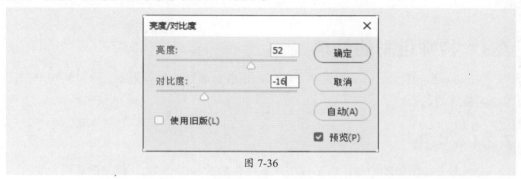

图 7-36

在"亮度/对比度"对话框中可以对亮度和对比度的参数进行调整，改变图像效果。可以通过增加或降低图像中的低色调、半色调和高色调图像区域的对比度，将图像的色调增亮或变暗，可以一次性地调整图像中所有的像素，其效果如图7-37、图7-38所示。

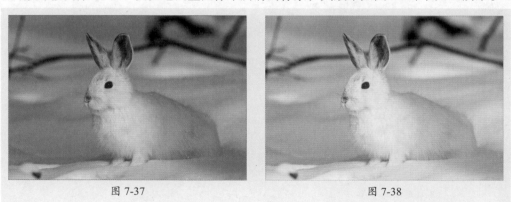

图 7-37　　　　　　　　　　　　　　　　　图 7-38

7.2.4　阴影/高光

"阴影/高光"命令可用于对曝光不足或曝光过度的照片进行修正。执行"图像"|"调整"|"阴影/高光"命令，弹出"阴影/高光"对话框，在"阴影"选项区中调整阴影量，

在"高光"选项区中调整高光量，单击"确定"按钮即可，如图7-39、图7-40所示。

图 7-39

图 7-40

7.3 特殊色彩的处理

在Photoshop中，灵活运用去色、反相、阈值、渐变映射等命令，可以快速地使图像产生特殊的色调效果。

7.3.1 去色

去色即去掉图像的颜色，将图像中所有颜色的饱和度变为0，使图像显示为灰度，而每个像素的亮度值不会改变。执行"图像"|"调整"|"去色"命令或按Shift+Ctrl+U组合键即可去除图像的色彩，如图7-41、图7-42所示。

图 7-41

图 7-42

7.3.2 反相

反相就是将图像中的所有颜色替换为相应的补色，即将每个通道中的像素亮度值转换为256种颜色的相反值，以制作出负片效果，当然也可以将负片效果还原为图像原来的色彩效果。执行"图像"|"调整"|"反相"命令或按Ctrl+I组合键即可，如

图7-43、图7-44所示。

图 7-43   图 7-44

7.3.3 阈值

阈值可以将一幅彩色图像或灰度图像转换成只有黑白两种色调的图像。执行"图像"|"调整"|"阈值"命令，弹出"阈值"对话框，如图7-45所示。在该对话框中可拖动滑块以调整阈值色阶，完成后单击"确定"按钮即可。

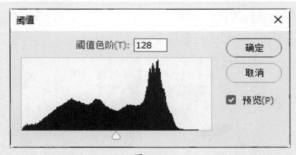

图 7-45

根据"阈值"对话框中的"阈值色阶"，将图像像素的亮度值一分为二，比阈值亮的像素将转换为白色，而比阈值暗的像素将转换为黑色，如图7-46、图7-47所示。

图 7-46   图 7-47

7.3.4 渐变映射

　　渐变映射可以将相等的图像灰度范围映射到指定的渐变填充色。即在图像中将阴影映射到渐变填充的一个端点颜色，高光映射到另一个端点颜色，而中间调映射到两个端点颜色之间。执行"图像"|"调整"|"渐变映射"命令，弹出"渐变映射"对话框，单击渐变颜色条，弹出"渐变映射"对话框，从中可以设置相应的渐变以确立渐变颜色，如图7-48所示。

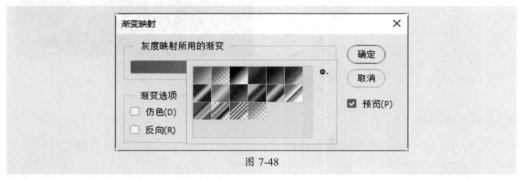

图 7-48

　　"渐变映射"首先对所处理的图像进行分析，然后根据图像中各个像素的亮度，用所选渐变模式中的颜色进行替代，如图7-49、图7-50所示。但该功能不能应用于完全透明图层，因为完全透明图层中没有任何像素。

图 7-49　　　　　　　　　　　　　　　　图 7-50

读　书　笔　记

自己练 / 调整脸部肤色

案例路径 云盘\实例文件\第7章\自己练\调整脸部肤色

项目背景 张先生为其女儿拍摄了一张照片，因为拍摄时色温没有调整好，拍出的照片发黄。现特委托本公司，将照片中孩子的肤色调整至正常自然的肤色。

项目要求 ①脸部发黄，将其调整至正常肤色。

②修复脸部部分瑕疵。

项目分析 脸部发黄，可创建可选颜色调整图层，将偏黄的肤色调整至正常颜色，创建色彩平衡与色阶调整图层，使肤色更加饱满、有活力。脸部的瑕疵可使用修复工具进行修复。参考效果如图7-51和图7-52所示。

图 7-51

图 7-52

课时安排 2课时。

Photoshop

第 **8** 章

为复杂图像
更换背景
——通道与蒙版详解

本章概述

　　本章将对Photoshop的通道和蒙版的知识进行详细讲解。通过本章的学习应用，可以将原本毫不相关的元素拼合在一起。通过编辑通道可改变图像中的颜色分量或创建特殊的选区。通过对蒙版的编辑可以在不损失图像的前提下，将部分图像显示或隐藏。

要点难点

- 通道类型 ★☆☆
- 通道的创建与编辑 ★★☆
- 蒙版类型 ★★☆
- 蒙版的编辑 ★☆☆

跟我学 为复杂图像更换背景 //////////////////////

学习目标 通过本实操案例，学会通过复制对比强烈的通道，使用曲线、画笔工具、减淡工具以及加深工具，在通道中将黑白效果形成极致对比；创建蒙版保留复杂的目标主体，置入图像更换背景。

案例路径 云盘 \ 实例文件 \ 第8章 \ 跟我学 \ 为复杂图像更换背景

步骤01 把素材文件拖入Photoshop中，如图8-1所示。

步骤02 执行"窗口"|"通道"命令，在弹出的"通道"面板中观察各个通道，将对比最明显的"红"通道拖至"创建新通道"按钮上复制该通道，如图8-2所示。

图 8-1

图 8-2

步骤03 按Ctrl+M组合键，在弹出的"曲线"对话框中，单击"黑场吸管" 🖊 按钮，吸取背景的颜色，增强主体物与背景对比效果，如图8-3、图8-4所示。

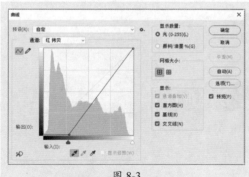
图 8-3

图 8-4

步骤04 单击"白场吸管" 🖊 ，吸取主体狗狗的颜色，增强主体物与背景对比效果，如图8-5、图8-6所示。

图 8-5   图 8-6

步骤 05 选择"加深工具",在属性栏中设置参数,如图8-7所示。

图 8-7

步骤 06 在背景区域涂抹,如图8-8所示。

步骤 07 设置前景色为白色,选择"画笔工具"在主体区域涂抹,使狗狗变为白色,如图8-9所示。

图 8-8   图 8-9

步骤 08 选择"减淡工具",在属性栏中设置参数,如图8-10所示。

图 8-10

步骤 09 在狗狗边缘处涂抹,如图8-11所示。

步骤 10 按住Ctrl键的同时单击"红 拷贝"通道缩览图,载入选区,如图8-12所示。

图 8-11   图 8-12

步骤 11 单击"图层"面板底端的"添加图层蒙版" ◙ 按钮为图层添加蒙版，如图8-13所示。

步骤 12 执行"文件"|"置入嵌入对象"命令，在弹出的面板中置入图像，并移至背景图层上方，如图8-14所示。

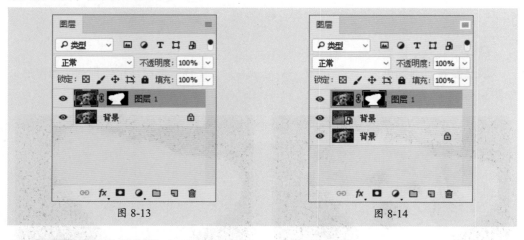

图 8-13   图 8-14

步骤 13 最终效果如图8-15所示。

图 8-15

至此，完成复杂图层背景的更换。

8.1 认识通道

不管哪种图像模式，都有自己的通道。图像模式不同，通道的数量也就不同。通道管理着图片的颜色信息。

8.1.1 "通道"面板

"通道"面板主要用于创建、存储、编辑和管理通道。执行"窗口"|"通道"命令，弹出"通道"面板；如图8-16所示。

"通道"面板中主要选项的功能介绍如下。

● **指示通道可见性图标◉：** 图标为◉时，图像窗口显示该通道的图像，单击该图标后，图标变为▢，表示隐藏该通道的图像。

● **将通道作为选区载入按钮：** 单击该按钮可将当前通道快速转换为选区。

● **将选区存储为通道按钮：** 单击该按钮可将图像中选区之外的区域转换为蒙版的形式，将选区保存在新建的Alpha通道中。

图 8-16

● **创建新通道按钮：** 单击该按钮可创建一个新的Alpha通道。

● **删除当前通道按钮：** 单击该按钮可删除当前通道。

　　　　单击面板右侧的"菜单"按钮，在弹出的菜单中选择"面板选项"，在弹出的对话框中可设置缩览图的大小，或关闭缩览图的显示。

8.1.2 通道的类型

通道主要分为颜色通道、专色通道、Alpha通道和临时通道。

1.颜色通道

颜色通道是将构成整体图像的颜色信息整理并表现为单色图像的工具，而图像的颜色模式决定了通道的数量。例如，RGB颜色模式的图像有RGB、红、绿、蓝四种通道，如图8-17所示；CMYK颜色模式的图像有CMYK、青色、洋红、黄色、黑色五种通道，如图8-18所示；Lab颜色模式的图像有Lab、明度、a、b四种通道，如图8-19所示；位图和索引颜色模式的图像分别只有一个位图通道和一个索引通道。

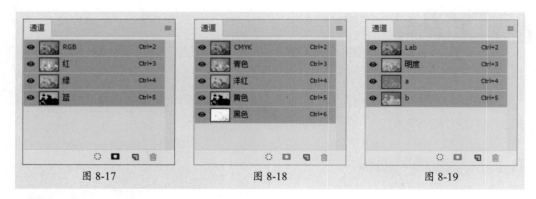

图 8-17　　　　　　　　　　图 8-18　　　　　　　　　　图 8-19

2. 专色通道

专色通道是一类较为特殊的通道，它可以使用除青色、洋红、黄色和黑色以外的颜色来绘制图像。专色通道是用特殊的预混油墨来替代或补充印刷色油墨，以便更好地体现图像效果，常用于需要专色印刷的印刷品。它可以局部使用，也可作为一种色调应用于整个图像，例如画册中常见的纯红色、蓝色以及证书中的烫金、烫银效果等。

单击面板右上角的"菜单" ≡ 按钮，在弹出的菜单中选择"新建专色通道"选项，弹出"新建专色通道"对话框，如图8-20所示，在该对话框中设置专色通道的颜色和名称，单击"确定"按钮即可新建专色通道，如图8-21所示。

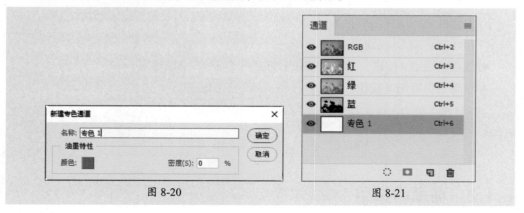

图 8-20　　　　　　　　　　　　　　　图 8-21

3. Alpha 通道

Alpha通道主要用于对选区进行存储、编辑与调用。其中黑色处于未选择状态，白色处于选择状态，灰色则表示部分被选择状态（即羽化区域）。使用白色涂抹Alpha通道可以扩大选区范围；使用黑色涂抹会收缩选区；使用灰色涂抹则可增加羽化范围。

在图像中创建需要保存的选区，在"通道"面板中单击"创建新通道" ◘ 按钮，新建Alpha1通道。将前景色设置为白色，选择油漆桶工具填充选区，如图8-22所示，按Ctrl+D组合键取消选区，即在Alpha1通道中保存了选区，如图8-23所示。保存选区后则可随时重新载入该选区或将该选区载入其他图像中。

图 8-22

图 8-23

4. 临时通道

临时通道是指在"通道"面板中暂时存在的通道。在创建图层蒙版或快速蒙版时，会自动在通道中生成临时蒙版，如图8-24、图8-25所示。当删除图层蒙版或退出快速蒙版的时候，在"通道"面板中的临时通道就会自动消失。

图 8-24

图 8-25

8.2 通道的创建和编辑

对图像的编辑其实就是对通道的编辑。通道就像一面镜子，无论色彩的改变、选区的增减、渐变的产生，都可以在通道中显示。通道的编辑包括通道的复制、删除、分离和合并，以及通道的计算和与选区及蒙版的转换等。

8.2.1 创建通道

一般情况下，在Photoshop中新建的通道是保存选择区域信息的Alpha通道，可以帮助用户更加方便地对图像进行编辑。创建通道分为创建空白通道和创建带选区的通道两种。

1. 创建空白通道

空白通道是指创建的通道属于选区通道，但选区中没有图像等信息。创建空白通道常用的方法有两个：单击面板底部的"创建新通道" ▣按钮可以新建一个空白通道；单击面板右上角的"菜单" ≣按钮，在弹出的菜单中选择"新建通道"选项，在弹出的"新建通道"对话框中设置参数，如图8-26所示，单击"确定"按钮即可。

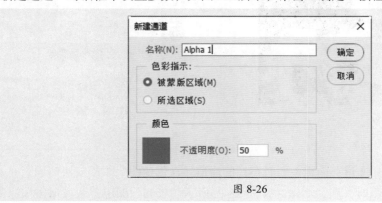

图 8-26

"新建通道"对话框中主要选项的功能介绍如下。

● **名称：** 用于设置新通道的名称，默认名称为"Alpha1"。
● **色彩指示：** 用于确认新建通道的颜色显示方式。选中"被蒙版区域"单选按钮，表示新建通道中的黑色区域为蒙版区，白色区域为保存的选区；选中"所选区域"单选按钮，含义则相反。
● **颜色：** 单击颜色色块，将弹出"拾色器"对话框，从中可以设置用于蒙版显示的颜色。

2. 通过选区创建选区通道

选区通道是用来存放选区信息的，可以将需要保留的区域创建为选区，然后在"通道"面板中单击"创建新通道"按钮▣即可。

将选区创建为新通道后，能在后面的重复操作中快速载入选区。若是在背景图层上创建选区，可直接单击"将选区存储为通道" ▣按钮快速创建带有选区的Alpha通道。在将选区保存为Alpha通道时，选择区域被保存为白色，非选择区域保存为黑色。如果选择区域具有羽化值，则此类选择区域中被保存为由灰色柔和过渡的通道。

8.2.2 复制与删除通道

如果要对通道中的选区进行编辑，一般都要将该通道的内容复制后再进行编辑，以免编辑后不能还原图像。图像编辑完成后，若存储含有Alpha通道的图像会占用一定的磁盘空间，因此在存储含有Alpha通道的图像前，可以删除不需要的Alpha通道。

复制或删除通道的方法非常简单，只需拖动需要复制或删除的通道到"创建新通道"按钮或"删除当前通道"按钮上释放鼠标。

也可以用鼠标右击需要复制的通道，在弹出的菜单中选择"复制通道"选项，在弹出的"复制通道"对话框中设置参数，如图8-27、图8-28所示。（选择"删除通道"选项会直接删除，没有选项。）

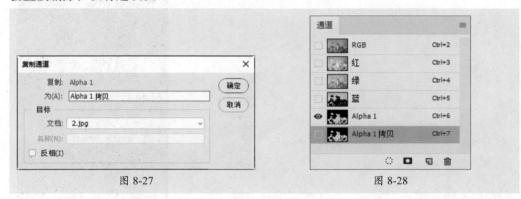

图 8-27   图 8-28

　　在删除颜色通道时，如果删除的是红、绿、蓝通道中的任意一个，那么RGB通道也会被删除；如果删除RGB通道，那么除了Alpha通道和专色通道以外的所有通道都将被删除。

8.2.3　分离和合并通道

　　在Photoshop中，可以将通道进行分离或者合并。分离通道可将一个图像文件中的各个通道以独立文件的形式进行存储，而合并通道可以将分离的通道合并在一个图像文件中。

1. 分离通道

　　分离通道是将通道中的颜色或选区信息分别存放在不同的灰度模式的图像中，分离通道后也可对单个通道中的图像进行操作，常用于无须保留通道的文件格式而只保存单个通道信息等情况。

　　在Photoshop中打开一张需要分离通道的图像，如图8-29所示。单击面板右上角的"菜单"按钮，在弹出的菜单中选择"分离通道"选项，如图8-30所示。

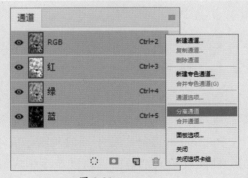

图 8-29   图 8-30

软件自动将图像分离为三个灰度图像，效果如图8-31、图8-32、图8-33所示。

| 图 8-31 | 图 8-32 | 图 8-33 |

2. 合并通道

合并通道是将多个灰度图像合并为一个图像的通道。要合并的图像必须是处于灰度模式，并且已被拼合（没有图层）且具有相同的像素尺寸，还要处于打开状态。已打开的灰度图像的数量决定了合并通道时可用的颜色模式。

在分离后的图像中，任选一张灰度图像，单击面板右上角的"菜单"按钮，在弹出的菜单中选择"合并通道"选项，在弹出的"合并通道"对话框中选择"RGB颜色"，如图8-34所示。单击"确定"按钮，弹出"合并RGB通道"对话框，如图8-35所示。可分别对红色、绿色、蓝色通道进行选择，然后单击"确定"按钮即可。

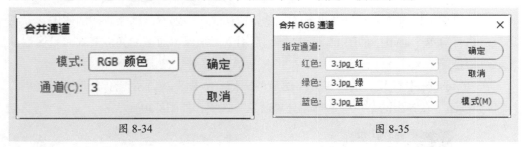

| 图 8-34 | 图 8-35 |

8.3 认识蒙版

蒙版是浮在图层之上的一块挡板，它本身不包含图像数据，只是对图层的部分数据起遮挡作用。当对图层进行操作处理时，被遮挡的数据将不会受影响。

Photoshop蒙版是将不同的灰度色值转换为不同的透明度，并作用到它所在的图层，使图层不同部位的透明度产生相应的变化。黑色为完全透明，白色为完全不透明。蒙版可分为快速蒙版、矢量蒙版、图层蒙版和剪贴蒙版4类。

8.3.1　快速蒙版

快速蒙版是一种临时性的蒙版，是暂时在图像表面产生一种与保护膜类似的保护装置，常用于帮助用户快速得到精确的选区。当在快速蒙版模式中工作时，"通道"面板中会出现一个临时的快速蒙版通道。快速蒙版主要用于快速处理当前选区，不会生成相应附加图层。

单击工具箱底部的"以快速蒙版模式编辑" ▣按钮或按Q键，进入快速蒙版编辑状态，单击"画笔工具"，适当调整画笔大小，在图像中需要添加快速蒙版的区域进行涂抹，涂抹后的区域呈半透明红色显示，如图8-36所示。再按Q键退出快速蒙版，从而建立选区，如图8-37所示。

图 8-36　　　　　　　　　　　　　　　　　图 8-37

8.3.2　矢量蒙版

矢量蒙版是通过形状控制图像显示区域的，它只能作用于当前图层。其本质为使用路径制作蒙版，遮蔽路径覆盖的图像区域，显示无路径覆盖的图像区域。矢量蒙版可以通过形状工具创建，也可以通过路径来创建。

矢量蒙版中创建的形状是矢量图，可以使用钢笔工具和形状工具对图形进行编辑修改，从而改变蒙版的遮罩区域，也可以对它任意缩放。

1. 通过形状工具创建

单击"自定形状工具" ⇄按钮，在属性栏中将工具模式设置为"路径" 路径 ，在"形状"下拉列表框中选择形状样式，在图像中单击并拖动鼠标绘制形状，按住Ctrl键的同时单击"添加图层蒙版" ▣按钮即可创建矢量蒙版，如图8-38所示；若把工具模式设置为"形状" 形状 ，在绘制结束后，右击鼠标，在弹出的菜单中选择"栅格化图层"选项，然后按住Ctrl键的同时单击"添加图层蒙版" ▣按钮即可，如图8-39所示。

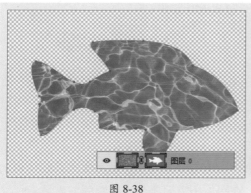
图 8-38

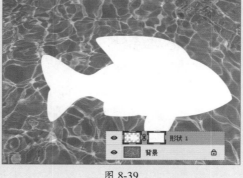
图 8-39

2. 通过路径创建

选择钢笔工具，绘制图像路径，执行"图层"|"矢量蒙版"|"当前路径"命令；或者按Ctrl+Enter组合键创建选区，单击"添加图层蒙版" ▣ 按钮，此时在图像中可以看到，保留了路径覆盖区域图像，而背景区域则不可见，如图8-40、图8-41所示。

图 8-40

图 8-41

> **💬 技巧点拨**
>
> 创建选区后，若按住Alt键单击"添加图层蒙版"按钮，则反向创建矢量蒙版。

8.3.3 图层蒙版

使用图层蒙版可以在不破坏图像的情况下反复修改图层的效果，图层蒙版同样依附于图层存在。图层蒙版大大方便了对图像的编辑，它并不是直接编辑图层中的图像，而是通过使用画笔工具在蒙版上涂抹，控制图层区域的显示或隐藏，常用于制作图像合成。

选择添加蒙版的图层为当前图层，单击"图层"面板底部的"添加图层蒙版" ▣ 按钮，设置前景色为黑色，选择"画笔工具"在图层蒙版上非主体处进行涂抹，如图8-42、图8-43所示。

图 8-42   图 8-43

8.3.4　剪贴蒙版

　　剪贴蒙版是通过使用处于下方图层的形状来限制上方图层的显示状态。剪贴蒙版由两部分组成：一部分为基层，即基础层，用于定义显示图像的范围或形状；另一部分为内容层，用于存放将要表现的图像内容。使用剪贴蒙版能够在不影响原图像的同时有效地完成剪贴制作。蒙版中的基底图层名称带下画线，内容图层的缩览图是缩进的。

　　在"图层"面板中按住Alt键的同时将鼠标指针移至两图层间的分隔线上，当指针变为 形状时，单击鼠标左键即可，如图8-44所示；或在"图层"面板中选择要进行剪贴的两个图层中的内容层，按Ctrl+Alt+G组合键即可，如图8-45所示。

图 8-44   图 8-45

> ### 💬 技巧点拨
>
> 　　在使用剪贴蒙版处理图像时，内容层一定位于基础层的上方，才能对图像进行正确剪贴。创建剪贴蒙版后，再按Ctrl+Alt+G组合键即可释放剪贴蒙版。

8.4 蒙版的编辑

创建蒙版之后，可对蒙版图层进行编辑。蒙版的编辑包括蒙版的停用、启用、移动、复制、删除和应用等。

8.4.1 停用和启用蒙版

停用和启用蒙版能帮助用户对图像使用蒙版前后的效果进行更多的对比观察。若想暂时取消图层蒙版的应用，可以右击图层蒙版缩览图，在弹出的快捷菜单中选择"停用图层蒙版"命令，或者按住Shift键的同时，单击图层蒙版缩略图也可以停用图层蒙版功能，此时图层蒙版缩略图中会出现一个红色的"×"标记，如图8-46所示。

如果要重新启用图层蒙版的功能，再次右击图层蒙版缩览图，在弹出的快捷菜单中选择"启用图层蒙版"命令，或者再次按住Shift键的同时单击图层蒙版缩略图也可恢复蒙版效果，如图8-47所示。

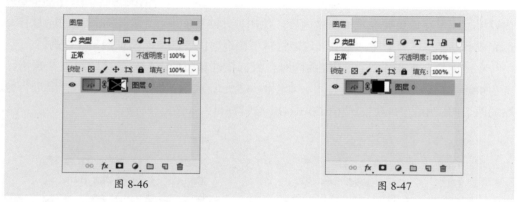

图 8-46   图 8-47

8.4.2 移动和复制蒙版

蒙版可以在不同的图层进行复制或者移动。若要复制蒙版，按住Alt键并拖动蒙版到其他图层即可，如图8-48、图8-49所示；若要移动蒙版，只需将蒙版拖动到其他图层即可。在"图层"面板中移动图层蒙版和复制图层蒙版，得到的图像效果是完全不同的。

图 8-48

图 8-49

8.4.3　删除和应用蒙版

若需删除图层蒙版，可以在"图层"面板中的蒙版缩览图上单击鼠标右键，在弹出的菜单中选择"删除图层蒙版"选项。也可拖动图层蒙版缩览图到"删除图层" 🗑 按钮上，释放鼠标，在弹出的对话框中单击"删除"按钮即可。

应用图层蒙版就是将使用蒙版后的图像效果集成到一个图层中，其功能类似于合并图层。应用图层蒙版的方法是在图层蒙版缩览图上单击鼠标右键，在弹出的菜单中选择"应用图层蒙版"选项即可。

如图8-50、图8-51所示为图层"11"选择"应用图层蒙版"选项、图层"12"选择"删除图层蒙版"选项前后对比图。

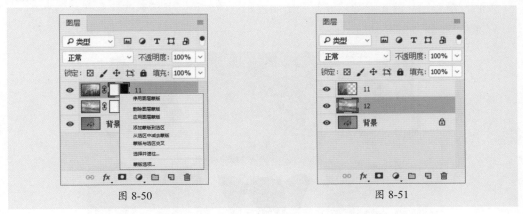

图 8-50　　　　　　　　　　　　　　　　　　图 8-51

8.4.4　将通道转换为蒙版

将通道转换为蒙版的实质是将通道中的选区作为图层的蒙版，进而对图像的效果进行调整。

在"通道"面板中按住Ctrl键的同时单击相应的通道缩略图，即可载入该通道的选区（这里选择的是红通道）。切换到"图层"面板，选择图层，单击"添加图层蒙版"按钮，即可将通道选区作为图层蒙版，如图8-52、图8-53所示。

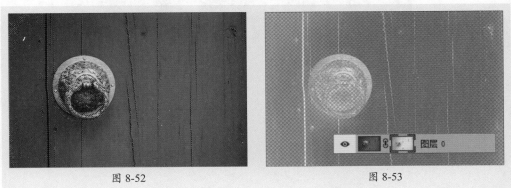

图 8-52　　　　　　　　　　　　　　　　　　图 8-53

自己练／制作九宫格图像

(案例路径)云盘＼实例文件＼第8章＼自己练＼制作九宫格图像

(项目背景)李女士是摄影爱好者，平日特别喜欢拍摄其宠物"蛋黄"。马上就是蛋黄3岁的生日了，想把日常拍摄的照片拼成九宫格图像效果并做作出成品。

(项目要求)①五张照片放至九宫格内，剩下的用纯色填充。

②每一个小图像尺寸为30mm×30mm。

(项目分析)首先需绘制9个等大的正方形，使其间距相同。置入图像创建剪贴蒙版，没有照片的正方形填充与爱宠颜色相近的颜色，并输入文字，居中对齐排列。参考效果如图8-54所示。

图 8-54

(课时安排)2课时。

第 **9** 章

制作素描效果图像
——滤镜详解

本章概述

　　本章将对Photoshop的滤镜进行详细讲解。通过本章的学习应用，掌握如何通过滤镜菜单使图像呈现出各种特殊的效果。滤镜的操作是非常简单的，但是真正用起来却很难恰到好处，所以需熟练，才能制作出炫彩的图像效果。

要点难点

- Camera Raw滤镜 ★★☆
- 液化滤镜 ★★☆
- 滤镜库 ★★☆
- 模糊滤镜 ★★☆
- 风格化滤镜 ★★☆
- 其他滤镜组 ★★☆

跟我学 制作素描效果图像 /////////////////

> **学习目标** 通过本实操案例，学习使用去色命令将彩色图像转换为黑白图像，通过反相、图层样式、最小值、杂色、模糊制作素描效果。
>
> **案例路径** 云盘＼实例文件＼第9章＼跟我学＼制作素描效果图像

步骤 01 将素材图像拖放到Photoshop中，如图9-1所示。

步骤 02 按Ctrl+J组合键复制图层，如图9-2所示。

图 9-1   图 9-2

步骤 03 按Ctrl+Shift+U组合键去色，如图9-3所示。

步骤 04 按Ctrl+J组合键复制图层，如图9-4所示。

图 9-3   图 9-4

步骤 05 按Ctrl+I组合键反相，如图9-5所示。

步骤 06 更改图像混合模式为"颜色减淡"，如图9-6所示。

图 9-5   图 9-6

步骤 07 执行"滤镜"|"其他"|"最小值"命令,在弹出的"最小值"对话框中设置参数,如图9-7、图9-8所示。

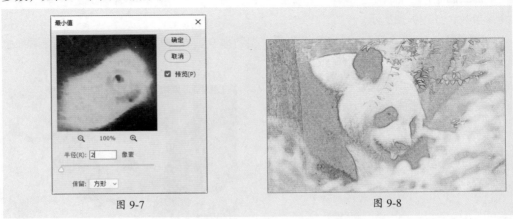

图 9-7   图 9-8

步骤 08 在"图层"面板中单击"添加图层样式" *fx* 按钮,在弹出的菜单中选择"图层样式"选项,打开"图层样式"对话框,按住Alt键拖动黑色三角滑块,如图9-9所示。

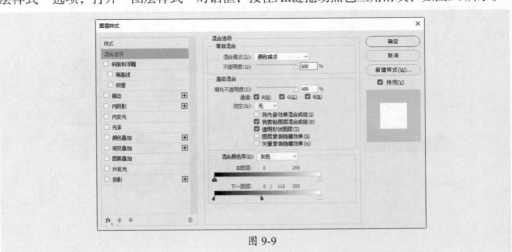

图 9-9

步骤 09 效果如图9-10所示。

步骤 10 在"图层"面板中单击"添加图层蒙版"按钮,如图9-11所示。

图 9-10   图 9-11

步骤 11 执行"滤镜"|"杂色"|"添加杂色"命令,在弹出的"添加杂色"对话框中设置参数,如图9-12所示。

步骤 12 执行"滤镜"|"模糊"|"动感模糊"命令,在弹出的"动感模糊"对话框中设置参数,如图9-13、图9-14所示。

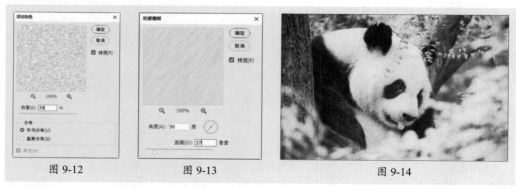

图 9-12   图 9-13   图 9-14

步骤 13 按Ctrl+L组合键,在弹出的"色阶"对话框中设置参数,如图9-15、图9-16所示。

图 9-15   图 9-16

至此,完成素描图像效果的制作。

9.1 认识滤镜

滤镜是一种特殊的图像效果处理技术。执行"滤镜"命令，弹出"滤镜"菜单，如图9-17所示。其中包括多个滤镜组，在滤镜组中又有多个滤镜命令，可通过执行一次或多次滤镜命令为图像添加不一样的效果。

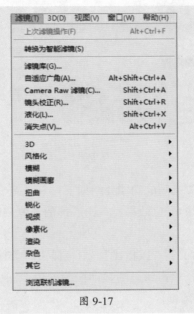

图 9-17

"滤镜"菜单中主要选项的功能介绍如下。

● **第一栏**：显示的是最近使用过的滤镜。

● **第二栏**："转换为智能滤镜"：可以整合多个不同的滤镜，并对滤镜效果的参数进行调整和修改，让图像的处理过程更智能化。

● **第三栏**：独立滤镜。单击后即可使用。

● **第四栏**：滤镜组。每个滤镜组中又包含多个滤镜命令。

如果安装了外挂滤镜，则会出现在"滤镜"菜单底部。

9.2 独立滤镜组

在Photoshop CC中，独立滤镜不包含任何滤镜子菜单，直接执行即可使用，包括滤镜库、自适应广角滤镜、Camera Raw滤镜、镜头校正滤镜、液化滤镜以及消失点滤镜。

9.2.1 滤镜库

执行"滤镜"|"滤镜库"命令,弹出"滤镜库"对话框,如图9-18所示。

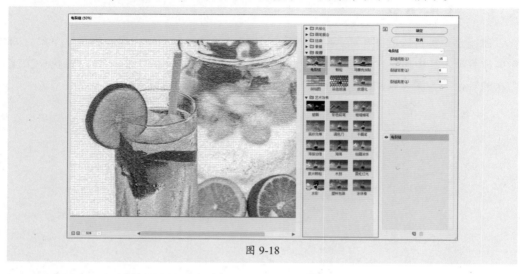

图 9-18

"滤镜库"对话框中主要选项的功能介绍如下。

- **预览框:** 可预览图像的变化效果,单击底部的 ⊟⊞ 按钮,可缩小或放大预览框中的图像。
- **滤镜组:** 该区域中显示了"风格化""画笔描边""扭曲""素描""纹理"和"艺术效果"等6组滤镜,单击每组滤镜前面的三角形图标展开该滤镜组,即可看到该组中所包含的具体滤镜。
- **显示/隐藏滤镜缩览图⊡按钮:** 单击该按钮可隐藏或显示滤镜缩览图。
- **滤镜弹出式菜单与参数设置区:** 在"滤镜"弹出式菜单中可以选择所需滤镜,在其下方区域可设置当前所应用滤镜的各种参数值和选项,如图9-19所示。
- **选择滤镜显示区域:** 单击某一个滤镜效果图层,显示选择该滤镜;剩下的属于已应用但未选择的滤镜。
- **隐藏滤镜◉按钮:** 单击效果图层前面的◉图标,隐藏滤镜效果,再单击,将显示被隐藏的效果,如图9-20所示。

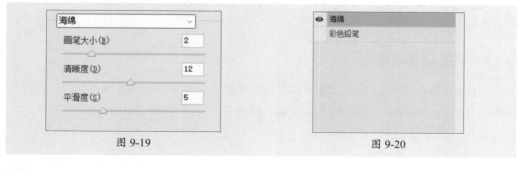

图 9-19   图 9-20

● **新建效果图层□按钮**：若要同时使用多个滤镜，可以单击该按钮，即可新建一个效果图层，从而实现多滤镜的叠加使用。

● **删除效果图层□按钮**：选择一个效果图层后，单击该按钮即可将其删除。

9.2.2 自适应广角滤镜

自适应广角滤镜可以校正由于使用广角镜头而造成的镜头扭曲。执行"滤镜"|"自适应广角"命令，弹出"自适应广角"对话框，如图9-21所示。

图 9-21

"自适应广角"对话框中主要选项的功能介绍如下。

● **约束工具**：使用该工具，单击图像或拖动端点可添加或编辑约束。按住Shift键单击可添加水平或垂直约束；按住Alt键单击可删除约束。

● **多边形约束工具**：使用该工具，单击图像或拖动端点可添加或编辑多边形约束。单击初始起点可结束约束；按住Alt键单击可删除约束。

● **移动工具**：使用该工具，拖动鼠标可以在画布中移动内容。

● **抓手工具**：放大图像的显示比例后，可使用该工具移动图像，以观察图像的不同区域。

● **缩放工具**：使用该工具在预览区域单击可放大图像的显示比例；按住Alt键在该区域单击，则会缩小图像的显示比例。

9.2.3 Camera Raw滤镜

Camera Raw滤镜是一项增效滤镜，采用无损化处理，用来处理JPEG图像文件的优势是很明显的。Camera Raw不仅提供了导入和处理相机原始数据的功能，而且也可以用来处理JERG和TIFF文件。执行"滤镜"|"Camera Raw滤镜"命令，弹出"Camera Raw滤镜"对话框，如图9-22所示。

图 9-22

　　Camera Raw对话框的左上方工具箱中包括11种工具，可用于画面的局部调整或裁切等操作。右侧的调整窗格主要为大量的颜色调整以及明暗调整选项，通过调整滑块可以轻松观察到画面效果的变化。

　　Camera Raw对话框中主要选项的功能介绍如下。

- **白平衡工具** ✒️：使用该工具在白色或灰色的图像内容上单击，可以校正照片的白平衡。
- **颜色取样工具** ✒️：使用该工具在图像中单击，可以建立颜色取样点，对话框顶部会显示取样像素的颜色值，以便在调整时观察颜色的变化情况。
- **目标调整工具** ✒️ **按钮**：长按此按钮，在弹出的菜单中可以选择"参数曲线""色相""饱和度"和"明亮度"四个选项，然后在图像中拖动鼠标即可应用调整。
- **变换工具** ▣：调整水平方向和差值方向平衡和透视平衡的工具。
- **污点去除** ✒️：去除不要的污点杂质，出现两个圆圈，可以修复和仿制。
- **红眼去除** 👁️：与Photoshop中的"红眼工具"相同，可以去除红眼。
- **调整画笔** ✒️：可对图像的色温、色调、颜色、对比度、饱和度、杂色等进行调节。
- **渐变滤镜** ▣：以线性渐变的方式用于图像局部调整。
- **径向滤镜** ○：以径向渐变的方式用于图像局部调整。

9.2.4　镜头校正滤镜

　　使用镜头校正滤镜可以对变形失真的图像进行校正，修复常见的镜头瑕疵。执行"滤镜"|"镜头校正"命令，弹出"镜头校正"对话框，如图9-23所示。

图 9-23

"镜头校正"对话框的左侧工具箱中包括5种应用工具，右侧则分为"自动校正"和"自定"两个参数设置面板。该对话框中主要选项的功能介绍如下。

- **移去扭曲工具**：向中心拖动或脱离中心以校正失真。
- **拉直工具**：绘制一条直线将图像拉直到新的横轴或竖轴。
- **移动网格工具**：使用该工具可以移动网格，以将其与图像对齐。

9.2.5　液化滤镜

液化滤镜的原理是将图像以液体形式进行流动变化，让图像在适当的范围用其他部分的图像像素替代原来的图像像素。使用该滤镜能对图像进行收缩、膨胀扭曲以及旋转等变形处理，还可以定义扭曲的范围和强度，同时还可以将我们调整好的变形效果存储起来或载入以前存储的变形效果。

执行"滤镜"|"液化"命令，弹出"液化"对话框，如图9-24所示。

图 9-24

"液化"对话框的左侧工具箱中包含12种应用工具，右侧为选项调整窗口。该对话框中主要选项的功能介绍如下。

- **向前变形工具 ⌀**：该工具可移动图像中的像素，得到变形的效果。
- **重建工具 ⌀**：使用该工具在变形的区域单击鼠标或拖动鼠标进行涂抹，可以使变形区域的图像恢复到原始状态。
- **平滑工具 ⌀**：用来平滑调整后的图像边缘。
- **顺时针旋转扭曲工具 ⌀**：使用该工具在图像中单击鼠标或移动鼠标时，图像会被顺时针旋转扭曲；当按住Alt键单击鼠标时，图像则会被逆时针旋转扭曲。
- **褶皱工具 ⌀**：使用该工具在图像中单击鼠标或移动鼠标时，可使像素向画笔中间区域的中心移动，使图像产生收缩的效果。
- **膨胀工具 ⌀**：使用该工具在图像中单击鼠标或移动鼠标时，可使像素向画笔中心区域以外的方向移动，使图像产生膨胀的效果。
- **左推工具 ⌀**：当垂直向上拖动该工具时，像素向左移动（向下拖动，像素会向右移动）。围绕对象顺时针拖动可增加其大小，逆时针拖动可减小其大小。当按住Alt键垂直向上拖动时向右移动像素，向下拖动时向左移动像素。
- **冻结工具 ⌀**：使用该工具可以在预览窗口绘制出冻结区域，在调整时，冻结区域内的图像不会受到变形工具的影响。
- **解冻蒙版工具 ⌀**：使用该工具涂抹冻结区域能够解除该区域的冻结。
- **脸部工具 ⌀**：单击该工具后将鼠标悬停在脸部时，Photoshop 会在脸部周围显示直观的屏幕控件；当出现双向箭头时，单击后长按拖动该箭头可进行调整。

9.2.6　消失点滤镜

"消失点"滤镜能够在保证图像透视角度不变的前提下，对图像进行绘制、仿制、复制或粘贴以及变换等操作。操作会自动应用透视原理，按照透视的角度和比例来自适应图像的修改，从而大大节约精确设计和修饰照片所需的时间。

执行"滤镜"|"消失点"命令，弹出"消失点"对话框，如图9-25所示。

"消失点"对话框中主要选项的功能介绍如下。

- **编辑平面工具 ⌀**：该工具用于选择、编辑、移动平面和调整平面大小。
- **创建平面工具 ⌀**：使用该工具，单击图像中的透视平面或对象的四个角可创建平面，还可以从现有的平面伸展节点拖出垂直平面。
- **选框工具 ⌀**：使用该工具，在图像中单击并移动可选择该平面上的区域，按住Alt键拖动选区可将区域复制到新目标；按住Ctrl键拖动选区可用源图像填充该区域。
- **图章工具 ⌀**：使用该工具，在图像中按住Alt键单击可为仿制设置源点，然后单击并拖动鼠标来绘画或仿制。按住Shift键单击可将描边扩展到上一次单击处。

图 9-25

- **画笔工具 ✎**：使用该工具，在图像中单击并拖动鼠标可进行绘画。按住Shift键单击可将描边扩展到上一次单击处。选择"修复明亮度"可将绘画调整为适应阴影或纹理。
- **变换工具 ▦**：使用该工具，可以缩放、旋转和翻转当前选区。
- **吸管工具 ✐**：使用该工具在图像中吸取颜色，也可以单击"画笔颜色"色块，弹出"拾色器"对话框。
- **测量工具 ▭**：使用该工具，可以在透视平面中测量项目中的距离和角度。

9.3　滤镜组与滤镜库

　　滤镜菜单中的第四栏为滤镜组，每个滤镜组中又包含多种滤镜效果。部分滤镜在第二栏独立滤镜组中的滤镜库中。

9.3.1　风格化滤镜组

　　风格化滤镜主要通过置换像素并且查找和提高图像中的对比度，产生一种绘画式或印象派艺术效果。这些滤镜可以强调图像的轮廓，用彩色线条勾画出彩色图像边缘，用白色线条勾画出灰度图像边缘。

　　执行"滤镜"|"风格化"命令，弹出其子菜单，执行相应的菜单命令即可实现滤镜效果。其中"照亮边缘"滤镜收录在滤镜库中。

1. 查找边缘

　　该滤镜能查找图像中主色块颜色变化的区域，并将查找到的边缘轮廓描边，使图像看起来像用笔刷勾勒的轮廓。如图9-26、图9-27所示为使用"查找边缘"滤镜前后效果对比。

图 9-26

图 9-27

2. 等高线

该滤镜用于查找主要亮度区域，并为每个颜色通道勾勒出主要亮度区域，以获得与等高线图中的线条类似的效果，如图9-28所示。

3. 风

该滤镜可以将图像的边缘进行位移，创建出水平线用于模拟风的动感效果，是制作纹理或为文字添加阴影效果时常用的滤镜工具，如图9-29所示。

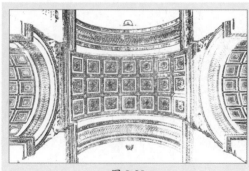

图 9-28

图 9-29

4. 浮雕效果

该滤镜能通过勾画图像的轮廓和降低周围色值来产生灰色的浮凸效果。执行此命令后图像会自动变为深灰色，产生把图像里的图片凸出的视觉效果，如图9-30所示。

5. 扩散

该滤镜可以按指定的方式移动相邻的像素，使图像形成一种类似透过磨砂玻璃观察物体的模糊效果。

6. 拼贴

　　该滤镜可以将图像分解为一系列块状图形，并使其偏离原来的位置，进而产生不规则拼砖效果，如图9-31所示。

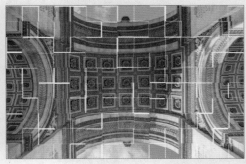

图 9-30　　　　　　　　　　　　　　　　　图 9-31

7. 曝光过度

　　该滤镜可以混合正片和负片图像，产生类似摄影中的短暂曝光的效果，如图9-32所示。

8. 凸出

　　该滤镜可以将图像分解成一系列大小相同且重叠的立方体或椎体，以生成特殊的3D效果，如图9-33所示。

图 9-32　　　　　　　　　　　　　　　　　图 9-33

9. 油画

　　该滤镜可以为普通图像添加油画效果，如图9-34所示。

10. 照亮边缘

　　使用该滤镜能让图像产生比较明亮的轮廓线，形成一种类似霓虹灯的亮光效果。该滤镜收录在滤镜库中，需执行"滤镜"|"滤镜库"命令，弹出"滤镜库"对话框，在"风格化"滤镜组中执行该滤镜命令，如图9-35所示。

图 9-34　　　　　　　　　　　　　　　　　图 9-35

9.3.2　画笔描边滤镜组

画笔描边滤镜组用于模拟不同的画笔或油墨笔刷来勾画图像，使图像产生手绘效果。这些滤镜可以为图像增加颗粒、绘画、杂色、边缘细线或纹理，以得到点画效果。

执行"滤镜"|"滤镜库"命令，弹出"滤镜库"对话框，在"画笔描边"滤镜组中执行相应的菜单命令即可实现滤镜效果。

1. 成角的线条

该滤镜用于模拟倾斜的笔刷效果，即使用两种角度的线条对图像进行修描。其中，一个方向的线条绘制图像的亮区，用相反方向的线条绘制暗区。如图9-36、图9-37所示为使用"成角的线条"滤镜前后效果对比。

图 9-36　　　　　　　　　　　　　　　　　图 9-37

2. 墨水轮廓

该滤镜采用钢笔画的风格，用纤细的线条在原细节上重绘图像，能使图像的边界部分产生类似用油墨勾绘轮廓的效果，如图9-38所示。

3. 喷溅

该滤镜用于为图像添加一种类似于笔墨喷溅的艺术效果。该滤镜中的"喷色半径"用于设置笔墨喷溅的范围，"平滑度"用于设置图像喷射墨点的平滑程度，如图9-39所示。

图 9-38

图 9-39

4. 喷色描边

该滤镜和"喷溅"滤镜效果相似，可以产生在画面上喷洒水后形成的效果，或有一种被雨水打湿的视觉效果，还可以产生斜纹飞溅效果。

5. 强化的边缘

该滤镜可对图像的边缘进行强化处理。设置低的边缘亮度控制值时，强化效果类似黑色油墨；设置高的边缘亮度控制值时，强化效果类似白色粉笔，如图9-40所示。

6. 深色线条

该滤镜通过用短而密的线条来绘制图像中的深色区域，用长而白的线条来绘制图像中颜色较浅的区域，从而产生一种很强的黑色阴影效果，如图9-41所示。

图 9-40

图 9-41

7. 烟灰墨

该滤镜可通过计算图像中像素值的分布，对图像进行概括性的描述，进而产生用饱含黑色墨水的画笔在宣纸上进行绘画的效果。它能使带有文字的图像产生更特别的效果，也被称为书法滤镜，如图9-42所示。

8. 阴影线

该滤镜可以产生具有十字交叉线网格风格的图像，如同在粗糙的画布上使用笔刷画出十字交叉线作画时所产生的效果一样，给人一种随意编制的感觉，如图9-43所示。

图 9-42　　　　　　　　　　　　图 9-43

9.3.3　扭曲滤镜组

扭曲滤镜组主要用于对平面图像进行扭曲，使其产生旋转、挤压、水波和三维等变形效果。执行"滤镜"|"扭曲"命令，弹出其子菜单，执行相应的菜单命令即可实现滤镜效果。

1. 波浪

该滤镜可根据设定的波长和波幅产生波浪效果。如图9-44、图9-45所示为使用"波浪"滤镜前后效果对比。

图 9-44　　　　　　　　　　　　图 9-45

2. 波纹

该滤镜可根据参数设定产生不同的波纹效果，如图9-46所示。

3. 极坐标

该滤镜可将图像从直角坐标系转换成极坐标系或从极坐标系转换为直角坐标系，产生极端变形效果，如图9-47所示。

图 9-46   图 9-47

4.挤压

该滤镜可使全部图像或选区图像产生向外或向内挤压的变形效果，如图9-48所示。

5.切变

该滤镜能根据在对话框中设置的垂直曲线来使图像发生扭曲变形，如图9-49所示。

图 9-48   图 9-49

6.球面化

该滤镜能使图像区域膨胀实现球形化，形成类似将图像贴在球体或圆柱体表面的效果，如图9-50所示。

图 9-50

7. 水波

该滤镜可模仿水面上产生的起伏状波纹和旋转效果，用于制作同心圆类的波纹，如图9-51所示。

图 9-51

8. 旋转扭曲

该滤镜可使图像产生类似于风轮旋转的效果，甚至可以产生将图像置于一个大旋涡中心的螺旋扭曲效果，如图9-52所示。

9. 置换

该滤镜可用另一幅图像（必须是PSD格式）的亮度值替换当前图像亮度值，使当前图像的像素重新排列，产生位移的效果。

10. 玻璃

该滤镜收录在滤镜库中，需执行"滤镜"|"滤镜库"命令，弹出"滤镜库"对话框，在"扭曲"滤镜组中执行该滤镜命令。使用该滤镜能模拟透过玻璃观看图像的效果，如图9-53所示。

图 9-52

图 9-53

11. 海洋波纹

该滤镜收录在滤镜库中，使用该滤镜能为图像表面增加随机间隔的波纹，使图像产生类似海洋表面的波纹效果，如图9-54所示。

12. 扩散亮光

该滤镜收录在滤镜库中，使用该滤镜能使图像产生光热弥漫的效果，用于表现强烈光线和烟雾效果，如图9-55所示。

图 9-54　　　　　　　　　　　　　　　　图 9-55

9.3.4　素描滤镜组

素描滤镜组的使用可以为图像增加纹理，模拟素描、速写等艺术效果，也可以在图像中加入底纹而产生三维效果。需要注意的是，大多数素描滤镜在重绘图像时要应用前景色和背景色，因此前景色和背景色的设置将对该组滤镜的效果起决定性作用。执行"滤镜"|"滤镜库"命令，弹出"滤镜库"对话框，在"画笔描边"滤镜组中执行相应的菜单命令即可实现滤镜效果。

1. 半调图案

该滤镜用于在保持连续的色调范围的同时，模拟半调网屏的效果。如图9-56、图9-57所示为使用"半调图案"滤镜前后效果对比。

图 9-56　　　　　　　　　　　　　　　　图 9-57

2. 便条纸

该滤镜用于使图像呈现类似于浮雕的凹陷压印图案，其中前景色作为凹陷部分，而背景色作为凸出部分，如图9-58所示。

3. 粉笔和炭笔

该滤镜模拟粉笔和炭笔，重绘图像的高光和中间色调，其背景为用粗糙粉笔绘制的纯中间色调，阴影区域用黑色对角炭笔线条替换。炭笔用前景色绘制，粉笔用背景色绘制，如图9-59所示。

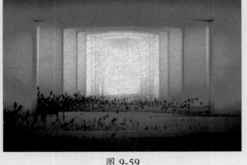

图 9-58   图 9-59

4. 铬黄渐变

该滤镜用于将图像处理成好像是磨光的铬的表面。高光在反射表面上是高点，暗调是低点，如图9-60所示。

5. 绘图笔

该滤镜使用细的、线状的油墨描边以获取原图像中的细节，多用于对扫描图像进行描边。此滤镜使用前景色作为油墨，并使用背景色作为纸张，以替换原图像中的颜色，如图9-61所示。

图 9-60   图 9-61

6. 基底凸现

该滤镜主要用于制作粗糙的浮雕效果，暗区呈现前景色，而浅色使用背景色，如图9-62所示。

7. 石膏效果

该滤镜可使图像呈现石膏画效果，并使用前景色和背景色上色，暗区凸起，亮区凹陷，如图9-63所示。

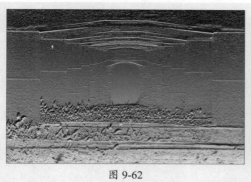

图 9-62   图 9-63

8. 水彩画纸

该滤镜可以使图像产生好像绘制在潮湿的纤维纸上的渗色涂抹效果，使颜色溢出并混合，是素描滤镜组中唯一能大致保持原图色彩的滤镜，如图9-64所示。

9. 撕边

该滤镜用于模拟撕破的纸张效果，在其使用过程中会用前景色与背景色为图像着色。对于由文字或高对比度对象组成的图像尤其有用，如图9-65所示。

图 9-64   图 9-65

10. 炭笔

该滤镜用于使图像产生色调分离的、涂抹的炭笔画效果，主要边缘以粗线条绘制，而中间色调用对角描边进行素描。炭笔使用前景色，纸张使用背景色。

11. 炭精笔

该滤镜用于模拟图像中纯黑和纯白的炭精笔纹理效果。暗部区域使用前景色，亮部区域使用背景色，如图9-66所示。

12. 图章

该滤镜用于简化图像，凸出主体，使之产生用橡皮或木制图章印章的效果，用于黑白图像时效果最佳，如图9-67所示。

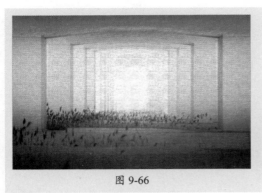

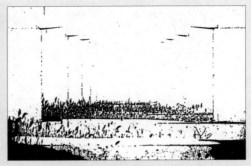

图 9-66   图 9-67

13. 网状

　　该滤镜用于模拟胶片药膜的可控收缩和扭曲的图像效果，从而使图像在暗调区域呈结块状，在高光区呈轻微颗粒化，如图9-68所示。

14. 影印

　　该滤镜用于模拟影印图像的效果。大的暗区趋向于只拷贝边缘四周，而中间色调要么为纯黑色，要么为纯白色，如图9-69所示。

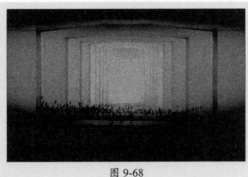

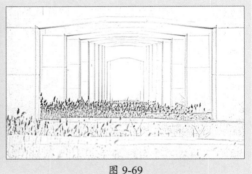

图 9-68   图 9-69

9.3.5　纹理滤镜组

　　纹理滤镜组可为图像添加深度感或材质感，主要功能是在图像中添加各种纹理。执行"滤镜"|"滤镜库"命令，弹出"滤镜库"对话框，在"画笔描边"滤镜组中执行相应的菜单命令即可实现滤镜效果。

1. 龟裂缝

　　该滤镜用于模拟龟裂的效果，使用该滤镜可以为包含多种颜色值或灰度值的图像创建浮雕效果。如图9-70、图9-71所示为使用"龟裂缝"滤镜前后效果对比。

图 9-70   图 9-71

2. 颗粒

　　该滤镜主要用于在图像中创建不同类型的颗粒纹理。该滤镜包括"强度""对比度"和"颗粒类型"3个选项，其中颗粒类型有常规、柔和、喷洒、结块、强反差、扩大、点刻、垂直、斑点。如图9-72所示为喷洒颗粒类型效果。

3. 马赛克拼贴

　　应用该滤镜可使图像看起来是由若干小碎片拼贴组成，其中包括"拼贴大小""缝隙宽度"和"加亮缝隙"。

4. 拼缀图

　　该滤镜用于将图像拆分成多个规则排列的小方块，并选用图像中的颜色对各方块进行填充，以产生一种类似建筑拼贴瓷砖的效果。该滤镜中的"方形大小"和"凸现"两个选项，能够减小或增大拼贴的深度，从而模拟高光和阴影，如图9-73所示。

图 9-72   图 9-73

5. 染色玻璃

　　该滤镜可将图像分割成不规则的多边形色块，然后用前景色勾画其轮廓，产生一种视觉上的彩色玻璃效果，如图9-74所示。

6. 纹理化

　　该滤镜用于为图像添加预设的纹理或自定义的纹理，使图像看起来富有质感。用于处理含有文字的图像，使文字呈现比较丰富的特殊效果，如图9-75所示。

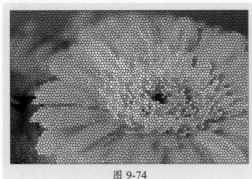
图 9-74

图 9-75

9.3.6 艺术效果滤镜组

艺术效果滤镜组可模拟现实生活，制作绘画效果或特殊效果，可以为作品添加艺术特色。该类滤镜只能应用于RGB模式的图像。执行"滤镜"|"滤镜库"命令，弹出"滤镜库"对话框，在"画笔描边"滤镜组中执行相应的菜单命令即可实现滤镜效果。

1. 壁画

该滤镜可用于模拟水彩壁画的效果，其用短、圆与粗略轻涂的小块颜料，以一种粗糙的风格绘制图像。如图9-76、图9-77所示为使用"壁画"滤镜前后效果对比。

图 9-76

图 9-77

2. 彩色铅笔

该滤镜可用于模拟使用彩色铅笔在纯色背景上绘制图像的效果。其中，纯色背景采用工具栏中的背景色，在图像中较平滑的区域显示出来。图像中较明显的边缘被保留并带有粗糙的阴影线外观，如图9-78所示。

3. 粗糙蜡笔

该滤镜的应用可使图像看上去像是用彩色蜡笔在带纹理的背景上描边，产生一种不平整、浮雕感的纹理。其中，在深色区域，纹理比较明显；而在亮色区域，蜡笔看上去涂得很厚，几乎看不见纹理，如图9-79所示。

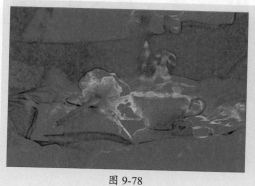

图 9-78

图 9-79

4. 底纹效果

该滤镜可根据所选纹理类型使图像产生相应的底纹效果，如图9-80所示。

5. 调色刀

该滤镜可以使图像中相近的颜色相互融合，减少细节以产生写意效果，如图9-81所示。

图 9-80

图 9-81

6. 干画笔

该滤镜可模拟使用干画笔技术（介于水彩和油彩之间）绘制图像边缘的效果。它通过将图像的颜色范围降低至普通颜色范围来简化图像，如图9-82所示。

7. 海报边缘

该滤镜的作用是增加图像对比度并沿边缘的细微层次加上黑色，能够差生具有招贴画边缘效果的图像，如图9-83所示。

图 9-82

图 9-83

8. 海绵

　　该滤镜可用于模拟现实生活中的海绵，为图像添加浸湿的效果，从而使图像带有强烈的对比效果，如图9-84所示。

9. 绘画涂抹

　　该滤镜的应用中，可以选取多种类型和大小（1～50）的画笔来创建涂抹效果。其中，画笔类型包括未处理光照、未处理深色、宽锐化、宽模糊和火花5种。如图9-85所示为火花画笔类型效果。

图 9-84

图 9-85

10. 胶片颗粒

　　该滤镜可使图像产生胶片颗粒状纹理效果。该滤镜包括"颗粒""高光区域"和"强度"3个选项。如图9-86所示。

11. 木刻

　　该滤镜使图像产生由粗糙剪切的彩纸组成的效果，高对比度图像看起来像黑色剪影，而彩色图像看起来就像由几层彩纸构成的一样，如图9-87所示。

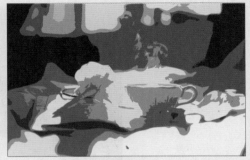

图 9-86   图 9-87

12. 霓虹灯光

　　该滤镜用于模拟霓虹灯光的效果,它是将各种类型的发光效果添加到图像中的各个对象上,这对于在柔化图像外观时为图像着色很有效,如图9-88所示。

13. 水彩

　　该滤镜主要用于模拟水彩画的效果,即以水彩的风格绘制图像,简化图像细节,如图9-89所示。

图 9-88   图 9-89

14. 塑料包装

　　该滤镜可使图像产生表面质感强烈并富有立体感的塑料包装效果,如图9-90所示。

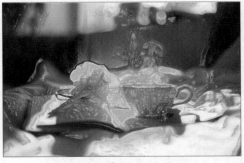

图 9-90

209

15. 涂抹棒

该滤镜可产生使用粗糙物体在图像表面进行涂抹的效果，能够模拟在纸上涂抹粉笔或蜡笔的效果，如图9-91所示。

图 9-91

9.4　其他滤镜组

其他滤镜组主要介绍的是所有滤镜命令全部在滤镜菜单中的第四栏中。包括模糊、模糊画廊、锐化、像素化、渲染、杂色以及其他滤镜。

9.4.1　模糊与模糊画廊滤镜组

模糊滤镜组主要用于不同程度地减少相邻像素间颜色的差异，使图像产生柔和、模糊的效果；模糊画廊滤镜组，可通过直观的图像控件快速创建截然不同的照片模糊效果。执行"滤镜"|"模糊"命令，弹出其子菜单，执行相应的菜单命令即可实现滤镜效果。

1. 表面模糊

该滤镜在保留边缘的同时模糊图像，用于创建特殊效果并消除杂色或粒度。如图9-92、图9-93所示为使用"表面模糊"滤镜前后的效果对比。

图 9-92　　　　　　　　　　　　　　图 9-93

2. 动感模糊

该滤镜的效果类似于以固定的曝光时间给一个移动的对象拍照，如图9-94所示。

3. 方框模糊

该滤镜以邻近像素颜色的平均值为基准模糊图像，如图9-95所示。

图 9-94　　　　　　　　　　　　　　　　图 9-95

4. 高斯模糊

高斯是指对像素进行加权平均时所产生的钟形曲线。该滤镜可根据数值快速地模糊图像，产生朦胧效果，如图9-96所示。

5. 进一步模糊

与"模糊"滤镜产生的效果一样，但效果强度会增加到3～4倍。

6. 径向模糊

该滤镜可以产生具有辐射性模糊的效果，可模拟相机前后移动或旋转产生的模糊效果，如图9-97所示。

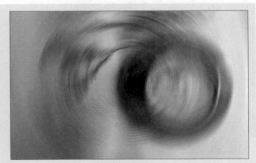

图 9-96　　　　　　　　　　　　　　　　图 9-97

7. 镜头模糊

该滤镜可使图像变模糊以产生更窄的景深效果，使图像中的一些对象在焦点内，而另一些区域变模糊。用它来处理照片，可创建景深效果，但需要用Alpha通道或图层蒙版的深度值来映射图像中像素的位置，如图9-98所示。

211

8. 模糊

该滤镜使图像变得模糊，能去除图像中明显的边缘或非常轻度的柔和边缘，如同在照相机的镜头前加入柔光镜所产生的效果。

9. 平均

该滤镜能找出图像或选区中的平均颜色，然后用该颜色填充图像或选区以创建平滑的外观，如图9-99所示。

图 9-98   图 9-99

10. 特殊模糊

该滤镜能找出图像的边缘并对边界线以内的区域进行模糊处理。它的优点是在模糊图像的同时仍使图像具有清晰的边界，有助于去除图像色调中的颗粒、杂色，从而产生一种边界清晰中心模糊的效果，如图9-100所示。

11. 形状模糊

该滤镜使用指定的形状作为模糊中心进行模糊，如图9-101所示。

图 9-100   图 9-101

执行"滤镜"|"模糊画廊"命令，弹出其子菜单，执行相应的菜单命令即可实现滤镜效果。该滤镜组下的滤镜命令都可以在如图9-102所示的对话框中进行调整设置。

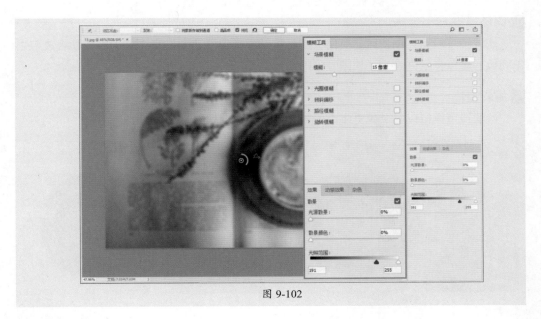

图 9-102

1. 场景模糊

该滤镜可通过定义具有不同模糊量的多个模糊点来创建渐变的模糊效果。将多个图钉添加到图像上，并指定每个图钉的模糊量，最终结果是合并图像上所有模糊图钉的效果。也可在图像外部添加图钉，以对边角应用模糊效果。

2. 光圈模糊

该滤镜可使图片模拟浅景深效果，而不管使用的是什么相机或镜头。也可定义多个焦点，这是使用传统相机技术几乎不可能实现的效果，如图9-103所示。

3. 移轴模糊

该滤镜可模拟倾斜偏移镜头拍摄的图像。此特殊的模糊效果会定义锐化区域，然后在边缘处逐渐变得模糊，可用于模拟微型对象的照片，如图9-104所示。

图 9-103

图 9-104

4. 路径模糊

　　该滤镜可沿路径创建运动模糊，还可控制形状和模糊量。Photoshop可自动合成应用于图像的多路径模糊效果，如图9-105所示。

5. 旋转模糊

　　该滤镜可模拟以一个或更多点旋转和模糊图像，如图9-106所示。

图 9-105　　　　　　　　　　　　　　　　图 9-106

9.4.2　锐化滤镜组

　　锐化滤镜组主要是通过增强图像相邻像素间的对比度，使图像轮廓分明、纹理清晰，以减弱图像的模糊程度。执行"滤镜"|"锐化"命令，弹出其子菜单，执行相应的菜单命令即可实现滤镜效果。

1. USM 锐化

　　该滤镜是调整边缘细节的对比度，并在边缘的每侧生成一条亮线和一条暗线。如图9-107、图9-108所示为使用"USM锐化"滤镜前后对比效果。

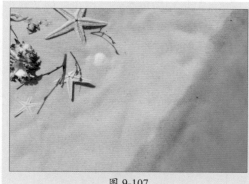
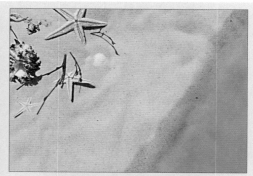

图 9-107　　　　　　　　　　　　　　　　图 9-108

2. 防抖

　　该滤镜可有效降低由于抖动产生的模糊。

3. 进一步锐化

该滤镜通过增强图像相邻像素的对比度来达到清晰图像的目的，锐化效果强烈。

4. 锐化

该滤镜可增加图像像素之间的对比度，使图像清晰化，锐化效果微小。

5. 锐化边缘

该滤镜只锐化图像的边缘，同时保留总体的平滑度。

6. 智能锐化

该滤镜可设置锐化算法，或控制在阴影和高光区域进行的锐化量，以获得更好的边缘检测并减少锐化晕圈，是一种高级锐化方法。

9.4.3　像素化滤镜组

像素化滤镜组通过将图像中相似颜色值的像素转化成单元格的方法，使图像分块或平面化，将图像分解成肉眼可见的像素颗粒，如方形、不规则多边形和点状等，视觉上看就是图像被转换成由不同色块组成的图像。

执行"滤镜"|"像素化"命令，弹出其子菜单，执行相应的菜单命令即可实现滤镜效果。

1. 彩块化

该滤镜使图像中纯色或相似颜色凝结为彩色块，从而产生类似宝石刻画般的效果。如图9-109、图9-110所示为使用"彩块化"滤镜前后对比效果。

图 9-109　　　　　　　　　　　　　　　　图 9-110

2. 彩色半调

该滤镜可模拟在图像的每个通道上使用放大的半调网屏的效果。对于每个通道，滤镜将图像划分为小矩形，并用圆形替换每个矩形。如图9-111所示。

3. 点状化

该滤镜在图像中随机产生彩色斑点，点与点之间的空隙用背景色填充，如图9-112所示。

图 9-111   图 9-112

4. 晶格化

该滤镜可将图像中颜色相近的像素集中到一个多边形网格中，从而把图像分割成许多个多边形的小色块，产生晶格化的效果，如图9-113所示。

5. 马赛克

该滤镜可将图像分解成许多规则排列的小方块，实现图像的网格化，每个网格中的像素均使用本网格内的平均颜色填充，从而产生类似马赛克般的效果，如图9-114所示。

图 9-113   图 9-114

6. 碎片

该滤镜可使所建选区或整幅图像复制四个副本，并将其均匀分布、相互偏移，以得到重影效果。该滤镜没有对话框，执行命令后即可应用，如图9-115所示。

7. 铜板雕刻

该滤镜能将图像转换为黑白区域的随机图案或彩色图像中完全饱和颜色的随机图案，如图9-116所示。

图 9-115

图 9-116

9.4.4 渲染滤镜组

渲染滤镜能够使图像产生光线照明的效果，通过渲染滤镜，用户还可以制作云彩效果。执行"滤镜"|"渲染"命令，弹出其子菜单，执行相应的菜单命令即可实现滤镜效果。

1. 火焰

该滤镜可给图像中选定的路径添加火焰效果。

2. 图片框

该滤镜可给图像添加各种样式的边框。

3. 树

该滤镜可给图像添加各种样式的树。

4. 分层云彩

该滤镜可随机生成介于前景色和背景色之间的值，生成云彩图案。首次应用该滤镜时，图像的某些部分会被反相成云彩图案，如图9-117、图9-118所示为使用"分层云彩"滤镜前后效果对比图。

图 9-117

图 9-118

5. 光照效果

该滤镜包括17种不同的光照风格、3种光照类型和4组光照属性，可在RGB图像上制作出各种光照效果，也可加入新的纹理及浮雕效果，使平面图像产生三维立体的效果，如图9-119所示。

6. 镜头光晕

该滤镜通过为图像添加不同类型的镜头，从而模拟镜头产生的眩光效果，这是摄影技术中一种典型的光晕效果处理方法，如图9-120所示。

图 9-119　　　　　　　　　　　　　图 9-120

7. 纤维

该滤镜用于将前景色和背景色混合填充图像，从而生成类似纤维效果。

8. 云彩

该滤镜是唯一能在空白透明层上工作的滤镜，不使用图像现有像素进行计算，而是使用前景色和背景色计算。通常制作天空、云彩、烟雾等效果。

9.4.5　杂色滤镜组

杂色滤镜组可给图像添加一些随机产生的干扰颗粒，即噪点；还可创建不同寻常的纹理或去掉图像中有缺陷的区域。执行"滤镜"|"杂色"命令，弹出其子菜单，执行相应的菜单命令即可实现滤镜效果。

1. 减少杂色

该滤镜用于去除扫描照片和数码相机拍摄照片上产生的杂色。

2. 蒙尘与划痕

该滤镜通过将图像中有缺陷的像素融入周围的像素，达到除尘和涂抹的效果。如图9-121、图9-122所示为使用"蒙尘与划痕"滤镜前后效果对比图。

图 9-121   图 9-122

3. 去斑

该滤镜通过将图像或选区内的图像轻微地模糊、柔化，从而达到掩饰图像中细小斑点、消除轻微折痕的作用。这种模糊在去掉杂色的同时还会保留原来图像的细节。

4. 添加杂色

该滤镜可为图像添加一些细小的像素颗粒，使其混合到图像内的同时产生色散效果，常用于添加杂点纹理效果，如图9-123所示。

5. 中间值

该滤镜可采用杂点和其周围像素的折中颜色来平滑图像中的区域，也是一种用于去除杂色点的滤镜，可减少图像中杂色的干扰，如图9-124所示。

图 9-123   图 9-124

9.4.6 其他滤镜组

其他滤镜组可用来创建自定义滤镜，也可修饰图像的某些细节部分。执行"滤镜"|"其他"命令，弹出其子菜单，执行相应的菜单命令即可实现滤镜效果。

1. HSB/HSL

该滤镜可以把图像中每个像素的RGB模式转化成HSB模式或HSL模式，如图9-125、图9-126所示为使用"HSB/HSL"滤镜前后效果对比图。

图 9-125　　　　　　　　　　　　　　　　图 9-126

2. 高反差保留

　　该滤镜可以在有强烈颜色转变发生的地方按指定的半径保留边缘细节，并且不显示图像的其余部分，与浮雕效果类似，如图9-127所示。

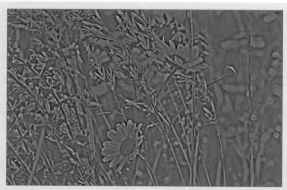

图 9-127

3. 位移

　　使用该滤镜可通过在参数设置对话框中调整参数值来控制图像的偏移，如图9-128所示。

图 9-128

4. 自定义

该滤镜可以设计自己的滤镜效果。执行该滤镜，可以根据预定义的数学运算，可更改图像中每个像素的亮度值。

5. 最大值

该滤镜有收缩效果，向外扩展白色区域，并收缩黑色区域，如图9-129所示。

6. 最小值

该滤镜有扩展效果，向外扩展黑色区域，并收缩白色区域，如图9-130所示。

图 9-129

图 9-130

读 书 笔 记

自己练／制作活动宣传海报

案例路径 云盘＼实例文件＼第9章＼自己练＼制作活动宣传海报

项目背景 拾七是近期在国外柏山摄影赛中脱颖而出的"00"后天才摄影师，在国内摄影协会的建议下，决定于明年的3月10日至8月16日在国内举办巡回摄影展。根据已有信息为该展览设计宣传海报。

项目要求 ①海报需和摄影展主题相符。

②设计规格为21mm×29.7mm。

项目分析 选用摄影展中的照片为素材，对其进行极坐标处理，制作出全景效果。背景则以选用的照片颜色为主色，最后输入展览信息即可。参考效果如图9-131所示。

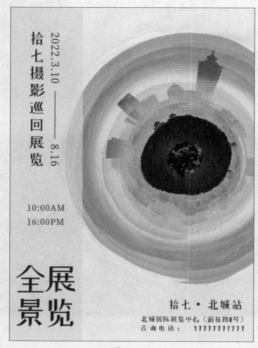

图 9-131

课时安排 2课时。

Photoshop

第 **10** 章

批量处理图像
——动作与自动化详解

本章概述

　　本章将对Photoshop中动作和自动化操作的知识进行详细讲解。通过本章的学习，可以将一些烦琐、枯燥、重复的操作过程记录下来反复使用，并且可以快速地对大量图像进行批量处理，从而节约时间。

要点难点

- 应用动作预设 ★☆☆
- 创建动作 ★★☆
- 批处理 ★★☆

跟我学 批量为图像添加水印

> **学习目标** 通过本实操案例，学会使用文字工具创建水印，使用动作面板创建添加水印的动作，执行批处理命令批量处理图像。
>
> **案例路径** 云盘\实例文件\第10章\跟我学\批量为图像添加水印

1. 设计水印

步骤 01 执行"文件"|"新建"命令，打开"新建文档"对话框，设置参数，单击"创建"按钮，如图10-1所示。

步骤 02 选择"横排文字工具"输入文字"TIANJIASHUIYIN"，设置字体、字号与字距，借助智能参考线使其水平、垂直居中对齐，如图10-2、图10-3所示。

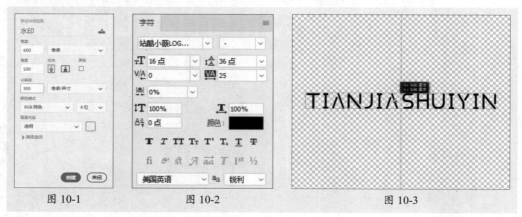

图 10-1   图 10-2   图 10-3

步骤 03 按住Ctrl+T组合键自由变换，按住Shift键旋转至45°，如图10-4所示。

步骤 04 执行"编辑"|"定义图案"命令，在弹出的"图案名称"对话框中设置名称为"水印"，单击"确定"按钮，如图10-5所示。

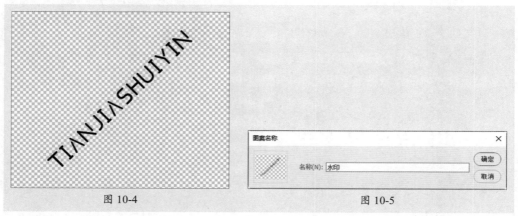

图 10-4   图 10-5

2. 创建添加水印动作与批处理图像

步骤 01 将素材"1.jpg"拖至Photoshop中，如图10-6所示。

步骤 02 按F9功能键，打开"动作"面板，单击面板底部的"创建新组"按钮，在弹出的"新建组"对话框中输入文字，如图10-7所示。

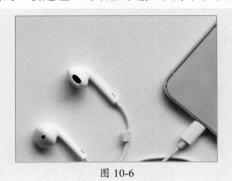

图 10-6

图 10-7

步骤 03 单击"动作"面板底部的"创建新动作"按钮，在弹出的"新建动作"对话框中的"名称"文本框中输入"添加水印动作"，单击"记录"按钮，此时动作面板底部的"开始记录"按钮呈红色状态，如图10-8、图10-9所示。

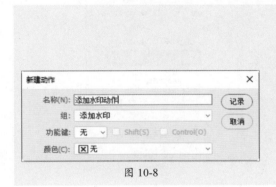

图 10-8

图 10-9

步骤 04 单击"图层"面板底部的"创建新图层"按钮，如图10-10所示。

步骤 05 选择"油漆桶工具"填充颜色，如图10-11所示。

图 10-10

图 10-11

步骤 06 双击该图层，在弹出的"图层样式"对话框中设置参数，如图10-12所示。

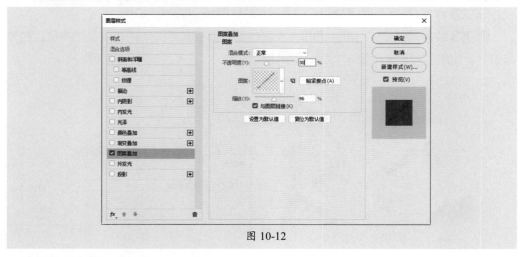

图 10-12

步骤 07 应用效果如图10-13所示。

步骤 08 在"图层"面板中设置填充为"0%"，如图10-14所示。

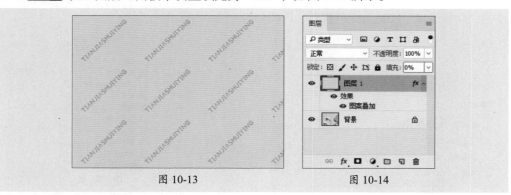

图 10-13　　　　　　　　　　　　　图 10-14

步骤 09 按Ctrl+E组合键合并图层，效果如图10-15所示。

步骤 10 在"动作"面板中，单击"停止记录"按钮，此时"开始记录"按钮由红色变成黑色，如图10-16所示。

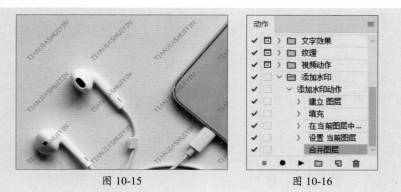

图 10-15　　　　　　　　　　　　　图 10-16

步骤 11 执行"文件"|"自动"|"批处理"命令,在弹出的"批处理"对话框中设置参数,如图10-17所示。

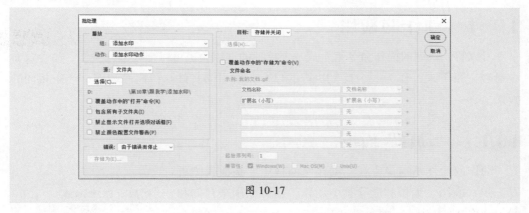

图 10-17

步骤 12 设置完成后,系统将自动为其他文件添加水印效果,效果如图10-18所示。

图 10-18

学 习 心 得

10.1 动作的应用

可以将一系列的操作命令组合成一个单独的动作，也可以把大部分操作、命令及命令参数记录下来，作为一个反复执行的口令，对不同文件执行同一动作，产生相同的效果。

10.1.1 "动作"面板

动作的操作基本集中在"动作"面板中，在面板中可以记录、应用、编辑和删除某个动作，还可以用来存储和载入动作文件。执行"窗口"|"动作"命令或按Alt+F9组合键，可以弹出"动作"面板，如图10-19所示。

"动作"面板中主要选项的功能介绍如下。

图 10-19

- **动作组/动作/命令：** 动作组是一系列动作的集合，而动作是一系列操作命令的集合。
- **切换对话框开/关 ▣ □ 按钮：** 用于选择在执行动作时是否弹出各种对话框或菜单。若动作中的命令显示该按钮，表示在执行该命令时会弹出对话框以供设置参数；若隐藏该按钮，表示忽略对话框，动作按先前设定的参数执行。
- **切换项目开/关 ✓ 按钮：** 用于选择需要执行的动作。关闭该按钮，可以屏蔽此命令，使其在动作播放时不被执行。
- **按钮组 ■ ● ▶：** 这些按钮用于对动作的各种控制，从左至右各个按钮的功能依次是停止播放/记录、开始记录、播放选定的动作。
- **菜单 ≡ 按钮：** 在打开的"动作"面板菜单中可以切换显示的状态（按钮模式）、基本操作、记录/插入动作、选项设置、加载预设动作等操作。

10.1.2 应用动作预设

应用预设是指将"动作"面板中已录制的动作应用于图像文件或相应的图层上。选择需要应用预设的图层，在"动作"面板中选择需执行的动作，然后单击"播放选定的动作"按钮 ▣ 即可运行该动作。

除了默认动作组外，Photoshop还自带了多个动作组，每个动作组中包含许多同类型的动作。单击"动作"面板右上角的面板菜单按钮，在弹出的菜单中选择相应的动作即可将其载入"动作"面板中，这些可添加的动作组包括命令、画框、图像效果、LAB-黑白技术、制作、流星、文字效果、纹理和视频动作，如图10-20所示。

如图10-21、图10-22所示为应用图像效果中的暴风雪动作预设效果前后对比图。

图 10-20

图 10-21

图 10-22

10.1.3　创建动作

若自带的动作预设无法满足工作需要，可根据实际情况，自行录制合适的动作。单击面板底部的"创建新组" ▭ 按钮，弹出"新建组"对话框，如图10-23所示，输入动作组名称，单击"确定"按钮，如图10-24所示。

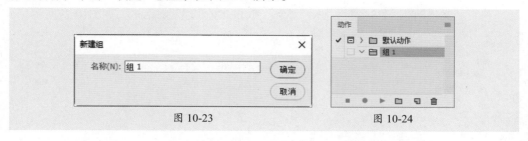

图 10-23

图 10-24

继续在"动作"面板中单击"创建新动作" ▣ 按钮，弹出"新建动作"对话框，如图10-25所示，输入动作名称，选择动作所在的组。在"功能键"下拉列表框中选择执行动作的快捷键。在"颜色"下拉列表框中为动作选择颜色，完成后单击"记录"按钮。此时动作面板底部的"开始记录" ● 按钮呈红色状态，如图10-26所示。软件则开始记录对图像所操作过的每一个动作，待录制完成后单击"停止"按钮即可。

图 10-25 图 10-26

　　若要停止记录，单击"动作"面板底部的"停止播放/记录"按钮即可。记录完成后，单击"开始记录"按钮，仍可以在动作中追加记录或插入记录。

　　记录"存储为"命令时，不要更改文件名。如果输入新的文件名，每次运行动作时，都会记录和使用该新名称。

10.2　自动化的应用

　　Photoshop CC中包含一些自动化工具，这些工具用于执行公共的制作任务，其中一些工具适合在动作中使用，熟练掌握这些自动化命令能大大提高工作效率。

10.2.1　批处理

　　批处理图像是指对大批量的图片做统一处理，操作过程简单且一致。批处理命令可以自动执行"动作"面板中已定义的动作命令，即将多步操作组合在一起作为一个批处理命令，快速应用于多张图像，同时对多张图像进行处理。使用批处理命令在很大程度上节省了工作时间，并提高了工作效率。

　　执行"文件"|"自动"|"批处理"命令，弹出"批处理"对话框，如图10-27所示。

图 10-27

"批处理"对话框中主要选项的功能介绍如下。

- **"播放"选项组：** 选择用来处理文件的动作。
- **"源"选项组：** 选择要处理的文件。"文件夹"选项：选择并单击下面的 "选择" 选择(C)... 按钮时，可以在弹出的对话框中选择一个文件夹。"导入"选项：可以处理来自扫描仪、数码相机、PDF文档的图像。"打开的文件"选项：可以处理当前所有打开的文件。Bridge选项：可以处理Adobe Bridge中选定的文件。
- **覆盖动作中的"打开"命令：** 在批处理时可以忽略动作中记录的"打开"命令。
- **包含所有子文件夹：** 将批处理应用到所选文件的子文件中。
- **禁止显示文件打开选项对话框：** 在批处理时不会显示打开文件选项对话框。
- **禁止颜色配置文件警告：** 在批处理时会关闭显示颜色方案信息。
- **目标选项组：** 设置完成批处理以后文件所保存的位置。"无"选项：不保存文件，文件仍处于打开状态。"存储并关闭"选项：将文件保存在原始文件夹并覆盖原始文件。"文件夹"选项：选择并单击下面的"选择"按钮，可以指定文件夹保存。

如图10-28、图10-29所示为对图像执行"四分颜色"批处理前后对比效果图。

图 10-28　　　　　　　　　　　　　　　　图 10-29

10.2.2　联系表

在Photoshop中还可以将多个文件图像自动拼合在一张图里，生成缩览图。执行"文件"|"自动"|"联系表Ⅱ"命令，弹出"联系表Ⅱ"对话框，如图10-30所示。

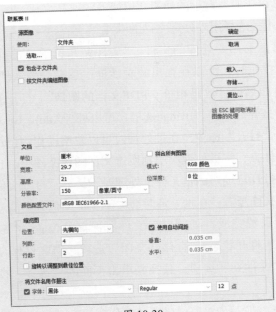

图 10-30

"联系表Ⅱ"对话框中主要选项的功能介绍如下。

● **源图像：** 单击"选取"按钮，在弹出的对话框中指定要生成图像缩览图所在的文件夹位置。勾选"包含子文件夹"复选框，将选择文件夹里所有子文件的图像。

● **文档：** 设置拼合图片的一些参数，包括尺寸、分辨率等。勾选"拼合所有图层"复选框，将合并所有图层，取消勾选则在图像里生成独立图层。

● **缩览图：** 设置缩览图生成的规则，如先横向还是先纵向、行列数目、是否旋转等。

● **将文件名用作题注：** 可设置是否使用文件名作为图片标注、设置字体与大小。

如图10-31、10-32所示为对图像执行"联系表Ⅱ"命令前后对比效果图。

图 10-31

图 10-32

10.2.3 Photomerge

Photomerge可以将用照相机或者手机在同一水平线拍摄的序列照片进行合成。该命令可以自动重叠相同的色彩像素，也可以由指定源文件的组合位置，单击"确定"按钮之后自动汇集为全景图。

执行"文件"|"自动"| Photomerge命令，弹出Photomerge对话框，如图10-33所示，单击"添加打开的文件"按钮，完成后单击"确定"按钮。此时软件自动对图像进行合成。

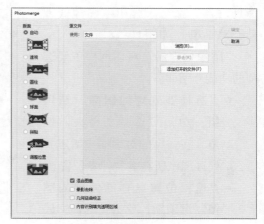

图 10-33

Photomerge对话框中主要选项的功能介绍如下。

- **版面**：用于设置转换为全景图片时的模式。
- **使用**：包括文件和文件夹。选择文件时，可以直接将选择的文件合并图像；选择文件夹时，可以直接将选择的文件夹中的文件合并图像。
- **混合图像**：勾选该复选框，执行Photomerge命令后会直接套用混合图像蒙版。
- **晕影去除**：勾选该复选框，可校正摄影时镜头中的晕影效果。
- **几何扭曲校正**：勾选该复选框，可校正摄影时镜头中的几何扭曲效果。
- **内容识别填充透明区域**：使用附近的相似图像内容无缝填充透明区域。
- **浏览**：单击该按钮，可选择合成全景图的文件或文件夹。
- **移去**：单击该按钮，可删除列表中选中的文件。
- **添加打开的文件**：单击该按钮，可以将软件中打开的文件直接添加到列表中。

如图10-34～图10-37所示为对图像执行Photomerge命令前后对比效果图。

图 10-34   图 10-35   图 10-36

图 10-37

10.2.4　处理图像器

图像处理器能快速地对文件夹中图像的文件格式进行转换，节省工作时间。执行"文件"|"脚本"|"图像处理器"命令，弹出"图像处理器"对话框，如图10-38所示。

"图像处理器"对话框中主要选项的功能介绍如下。

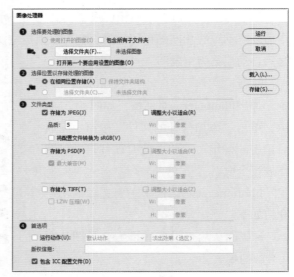

图 10-38

- **"选择要处理的图像"选项组：** 单击"选择文件夹"按钮，在弹出的对话框中指定要处理图像所在的文件夹位置。
- **"选择位置以存储处理的图像"选项组：** 单击"选择文件夹"按钮，在弹出的对话框中指定存放处理后图像的文件夹位置。
- **"文件类型"选项组：** 取消勾选"存储为JPEG"复选框，勾选相应格式的复选框，完成后单击"运行"按钮，此时软件自动对图像进行处理。

如图10-39、图10-40所示为使用图像处理器命令将JPG图像批量转换为TIF格式的图像文件。

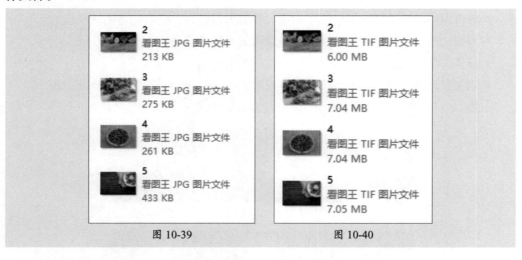

图 10-39　　　　　　　　　　　图 10-40

自己练／制作千图成像

案例路径 云盘＼实例文件＼第10章＼自己练＼制作千图成像

项目背景 张女士每年假期都会带孩子出去旅游，近期想记录走过的风景，将照片打印留作纪念。准备打印一张挂在客厅，决定用所拍的图像制作成千图成像的效果。

项目要求 ①使用风景照片作为背景，拼合成张女士和女儿的背影图像。

②联系表中文档的尺寸为1500×1800像素。

③成品尺寸A3（29.7cm×42cm）。

项目分析 若要做千图成像效果，首先要把风景图片裁剪成1：1的方形图像。执行"联系表Ⅱ"命令创建联系表。将拼合的图像去色后将其存储为定义图案。打开背影图片，使用图案填充并调整效果。最后使用裁剪工具裁剪成A3大的图像。参考效果如图10-41和图10-42所示。

图 10-41

图 10-42

课时安排 2课时。

参 考 文 献

[1] 姜洪侠，张楠楠 . Photoshop CC 图形图像处理标准教程 [M]. 北京：人民邮电出版社，
    2016.

[2] 周建国 . Photoshop CS6 图形图像处理标准教程 [M]. 北京：人民邮电出版社，2016.

[3] 孔翠，杨东宇，朱兆曦. 平面设计制作标准教程 Photoshop CC+Illustrator CC [M]. 北
    京：人民邮电出版社，2016.

[4] 沿铭洋，聂清彬 . Illustrator CC 平面设计标准教程 [M]. 北京：人民邮电出版社，2016.

[5] Adobe公司 . Adobe InDesign CC 经典教程 [M]. 北京：人民邮电出版社，2014.